青海大学 2022 年度教材建设基金项目　资
中国高等教育学会 2022 年度高等教育科学研究规划课题　助

青海湟源地质填图实习指导书

主　编　夏楚林

副主编　杨　莎

参　编　陈　敏　蒋子文　马　明

天津大学出版社
TIANJIN UNIVERSITY PRESS

图书在版编目(CIP)数据

青海湟源地质填图实习指导书 / 夏楚林主编 ; 杨莎
副主编 ; 陈敏, 蒋子文, 马明参编. -- 天津 : 天津大
学出版社, 2023.6

青海大学2022年度教材建设基金项目、中国高等教育
学会2022年度高等教育科学研究规划课题资助

ISBN 978-7-5618-7493-6

Ⅰ.①青… Ⅱ.①夏… ②杨… ③陈… ④蒋… ⑤马
… Ⅲ.①地质填图－实习－高等学校－教学参考资料
Ⅳ.①P285.1-45

中国国家版本馆CIP数据核字(2023)第110251号

出版发行	天津大学出版社
地　　址	天津市卫津路92号天津大学内（邮编:300072）
电　　话	发行部:022-27403647
网　　址	www.tjupress.com.cn
印　　刷	北京虎彩文化传播有限公司
经　　销	全国各地新华书店
开　　本	787mm×1092mm　1/16
印　　张	5.75
字　　数	144千
版　　次	2023年6月第1版
印　　次	2023年6月第1次
定　　价	32.00元

前　言

　　野外地质填图实习是地质矿产类专业本科生必修的集中实践教学环节,是该类专业学生大学阶段一次重要的、系统的专业技能训练。通过为期4~6周的野外地质填图实习,既可巩固课堂所学的矿物学、岩石学、构造地质学及古生物学等专业理论知识,又能学会对常见地质、地貌现象的观测、描述和分析,掌握地质填图的基础理论和基本工作方法,培养学生观测、分析地质现象以及资料综合整理、编写地质调查报告的能力,达到地质矿产领域专业技术人员的基本技能要求。

　　青海湟源地质填图实习基地的大地构造位置为青藏高原北部的祁连造山带东段,古特提斯构造域北侧。祁连造山带东连秦岭造山带,西接阿尔金—西昆仑造山带,构成了青藏高原北缘的主体部分,是世界著名的大陆复合型造山带之一,也是我国板块构造研究的发源地之一。实习区地质地貌单元出露齐全,岩浆与构造活动频繁,矿床矿点类型丰富。在青海大学各有关部门的大力支持下,又在中国地质大学(北京)王根厚教授、崔斌教授、薛春纪教授、徐德兵教授等地学领域专家多次亲临现场调研指导的基础上,由青海大学地质填图实习教学团队接续努力逐步建成了该实习基地。近年来,地质工程系湟源地质填图实习在实习组织、教学路线设计等方面取得了很多有益的教学成果和实践经验,得到了参训师生的充分肯定。在此基础上,编辑出版一本针对湟源地质填图实习的指导教材十分必要。

　　本教材共5章,青海大学夏楚林副教授担任主编,负责教材的整体规划和组稿统编工作。本教材具体编写分工如下。前言、第1章绪论由夏楚林副教授编写,介绍了地质填图实习的目的和任务、实习区自然地理概况和以往地质工作的程度。第2章为实习区地质概况,由陈敏博士编写,介绍了实习区及外围区域的地质背景、地层、岩浆岩及构造特征等内容。第3章为地质填图实习方法,其中实习准备、地质点观察取样部分由杨莎副教授编写,手持GPS的操作方法由宋芊博士编写。第4章为实习区教学路线及教学观察点,其是开展地质填图实习的主体内容,由蒋子文、马明两位博士在湟源地质填图实习教学团队多年调查实践的基础上编写而成,内容包括10条野外地质填图实习路线(包括28个教学观察点的设计和10处矿产实习点的设计)。第5章为实测地质剖面与地质填图实习,由夏楚林副教授编写,包含2条实测剖面和1处填图实习区的选择设计。附录部分补充了实习区关键的图版和实习过程中必要的行业规范。此外,东昆仑东段铜金属成矿系统研究课题组研究生甄士坤、全长恩、杜瑜、韩芝弘参与了部分图件的绘制工作。

　　本教材学习和借鉴了实习区及外围最新完成的地质调查和科学研究成果,其中由青海省地质调查院任二峰高工主持完成的"1∶5万区域地质调查报告(湟源幅)"为本教材的编写奠定了坚实的理论与现实基础;测量教研室宁黎平教授带领测绘团队绘制的填图区三维模型和1∶2 000地形图为湟源地质填图实习增添了现代测绘科技的内容;胡夏嵩教授、李国荣教授在本教材规划和路线设计方面给予了指导;资源勘查工程教研室张天继、赵文涛、周淑敏、王建国、李玮、丛殿阁、祁昭林、任海东、秦西伟等老师,都曾为本教材的编辑出版建言献策;本教材的编写出版还得益于青海大学教务处、地质工程系的领导和同事多年来对野外地质填图实习工作的重视和支持,在此一并谨致谢忱。

总体而言,本教材取材于青海湟源实习区大量的第一手实践教学材料,同时参考借鉴了国内地质调查主管部门和多家地勘单位编印的行业规范,内容翔实准确,图版真实具体,能够满足地质矿产类专业本科生在地质填图实习训练过程中的各项教学需求,同时也能为地质调查等相关专业的研究生和地质队员提供有益的参考。

尽管编写组在本教材编写过程中做出了不懈的努力,但由于认识水平和调查手段有限,疏漏之处在所难免,恳请读者批评指正,以使本教材更好地服务于实践。

编 者
2022 年 11 月

目　　录

第 1 章 绪 论

野外地质填图实习是地质矿产类专业本科生必修的集中实践教学环节,是该类专业学生大学阶段一次重要的、系统的实践教学训练,一般安排在一年级野外地质认识实习和二年级理论教学完成之后集中开展。该实习以区域地质调查方法训练为重点,涉及众多的基础地质知识、技能和方法,如普通地质学、古生物学、地史学、地层学、矿物学、岩石学、构造地质学、水文地质学等专业基础课程,是对学生此前所学专业知识和理论的一次综合性应用,同时也是一次地质调查工作方法的综合而系统的技能训练。

1.1 实习目的和任务

本项实习的目的是培养学生掌握从事地质调查等相关工作的专业基础知识和理论,包括认知各种地质现象、地质过程,鉴别矿物和岩石等基本知识,以及相应的数学、物理、化学等自然科学知识。通过地质填图实习,学生能比较系统地掌握区域地质调查的基本工作方法,进一步巩固并加深对已学专业知识和理论的理解和认识,并将理论联系到实践应用中,提高对基础地质、矿产地质、资源与环境地质等问题进行综合分析的能力,为学习后续专业课和进行生产、毕业实习打下牢固的基础。实习期间主要进行区域地质调查方法的系统训练,让学生掌握地质踏勘、剖面测量、地质填图、数字填图和地质报告编写的基本知识、方法与技能,培养学生独立从事地质调查设计和野外调查研究的能力,为今后的课程学习和地质工作打下坚实的基础。同时,通过实习,学生能够逐步掌握由点到面、点面结合、由表及里、由浅入深、将今论古等地质思维方法和工作方法。

在实习过程中注意培养学生吃苦耐劳、艰苦奋斗、开拓创新、团结合作的精神,使学生养成实事求是、科学严谨的工作态度;培养学生热爱地质事业,勇于探索地球奥秘,进而培养学生在多学科背景下的团队中承担个体、团队成员以及负责人角色的责任,使学生具有较强的团队合作意识和组织协调能力。

1.2 实习要求

1.2.1 突出专业技能培训,强化过程考核

因实习队组队教师的变化和对实习区地质认识的更新,要求实习队带队教师提前进行3~4天的野外地质踏勘,认真做好教学准备和预习,达到对实习区地层层序、常见矿物、岩性特征、结构构造、生物化石、沉积环境、断层性质、地层间接触关系、地貌及主要测量方法等熟练掌握,并了解区域地质概况。耐心细致地指导学生识别地质现象和实际动手操作,使学生学会识别并描述各种地质现象;掌握地质素描图、信手剖面图、实测剖面图、综合地层柱状

图、地质填图、GPS（全球定位系统）和数字填图等野外工作方法和技能。本项实习的主要教学目标具体有以下几点。

（1）掌握对常见岩石、矿物进行肉眼鉴定、观察、描述和命名的方法和步骤，能够判断常见构造现象及特征，识别常见门类的古生物化石。

（2）掌握地层剖面测量方法和综合地层柱状图的编绘方法，学会大比例尺地形图的使用，掌握以地形图为底图填绘地形地质图的野外工作方法及地形地质图的编绘方法。

（3）通过实习，学会观察、调查研究、收集资料、整理报告的方法，提高分析问题的能力。

（4）通过实习，对矿产、矿山开发和生态环境保护的政策有基本了解。

（5）牢固树立"为国找矿"的专业意识，正确理解苦与乐的辩证关系，培养认真细致的学习态度、吃苦耐劳的工作作风，学会与同学团结协作、与实习区干部群众和谐相处，遵守实习纪律。

实习结束后，实习队带队教师要认真进行本次实习的总结和讨论，包括实习计划的完成情况，是否达到教学大纲的要求和预期目的，有何新发现和新进展，以及今后的实习建议等。要求参加实习的学生提交下列成果资料：

（1）地质填图实习报告1份（包含一套野外实习手图和实际材料图）；

（2）实测地层剖面2条（含剖面小结、实测记录表）；

（3）1∶1万地形地质图1幅（含综合地层柱状图和剖面图）；

（4）野外记录本1~2本；

（5）各小组提交实习区专题研究小论文1份。

1.2.2　积极开展思想教育，严格组织纪律

根据不同专业的培养计划和教学进程安排，地质填图实习的时间一般为5~6周。实习队带队教师需提前开展实习安全培训和动员工作，具体纪律要求如下。

（1）以班级团支部为核心，发挥党员、入党积极分子的引领示范作用，发扬团队精神，做好扎实细致的思想工作。结合实习基地的风土人情特点，进行国情和民情教育，从思想和组织上确保野外实习的顺利完成。

（2）野外填图实习期间，严禁到河流、水库和湖泊游泳洗澡，违者实习成绩记零分，并送回学校按违反校规处理。

（3）严禁打架斗殴、酗酒闹事、夜不归宿，违者视情节轻重给予纪律处分，严重者实习成绩记零分，并送回学校按违反校规处理。

（4）野外填图实习无故缺勤者，每次扣10分，三次及以上实习成绩记零分。

（5）野外实习期间应相互关心、帮助，提高警惕，严防因开矿爆破、滚石等原因可能造成的不安全事故。

1.3　实习区交通位置、自然地理概况

1.3.1　交通位置

实习区地处青海省东北部,在大地构造位置上处于青藏高原东北缘中祁连山与南祁连山的交接地带,行政区划隶属青海省西宁市湟源县管辖。实习区外围有青藏铁路从实习区东部经过,主干公路有 109 国道(西宁—格尔木段)及省、县级公路和县级公路网连通,实习区内有湟西一级公路及乡村公路连通各实习路线,交通比较便利。

人文环境方面,实习区处于青海东部,人口较为稠密,主要分布于河谷平川及浅山地区,实习途经二条沟二社、巴汉村口、黄茂村、北沟村、浪湾村、下莫吉村、长岭村、上尕庄等行政村组。居民以汉族居多,其次为回族及藏族等,为少数民族人口相对集中区,民风淳朴(图1-1)。

图 1-1　湟源地质填图实习驻地村庄一角

1.3.2　自然地理概况

实习区在自然地理分区上是由青海湖、日月山、西宁盆地、拉脊山等多个盆山相间形态构成的地貌格局。山脉、盆地走向均呈北西向,总体地势北高南低,最高点位于日月山主峰阿勒大湾山一带,最低处为湟水河谷,海拔为 2 100~2 150 m。沿湟水河谷地阶地面平缓、开阔,土地较肥沃,自然生态条件较好(图1-2)。

图 1-2   地质填图实习区地形地貌特征

实习区内以农业为主,主要种植小麦、青稞、油菜等,农作物生长良好;山区则以畜牧业为主,畜种主要为牛、羊等。

1.4   以往地质工作程度概述

实习区地处青藏高原北部的祁连造山带,其是世界著名的大陆复合型造山带之一,也是我国板块构造研究的发源地之一。祁连造山带位于华北板块西南缘,与秦岭、昆仑一起构成中国大陆中部秦祁昆巨型造山带,成为中国大陆板块构造研究的摇篮。祁连造山带东连秦岭造山带,西接阿尔金—西昆仑造山带,构成了青藏高原北缘的主体部分。祁连造山带是世界上典型的造山带之一,曾被黄汲清(1974)等老一辈地质专家当作多旋回地槽演化与造山作用的范例,也曾被李春昱、肖序常等选为板块构造的理想野外实验室。自 20 世纪 60 年代以来,对祁连造山带的地质调查和专题研究已相当深入,现概述如下。

1.4.1   地质调查工作方面

1956—1958 年,由中国科学院地质研究所、兰州地质研究室、北京地质学院、西北大学地质系组成的祁连山队,对祁连山的地层、古生物、岩石、构造和矿产、自然地理、地貌及第四纪冰川进行了全面的调查,出版了《祁连山地质志》,该书较全面地提供了有关祁连山区域地质、地质发展史、构造岩相带和矿产分布规律等的基础地质资料。这是中华人民共和国成立后在中国造山带首次开展的调查,大大提高了祁连造山带的研究深度。

1960—1964 年,西北地质局青海综合地质大队区测队完成了 1∶20 万西宁幅区域地质调查工作,对地层进行了详细划分,基本搞清了各地层之间的接触关系,从一些地层中采集了较多的化石,从而为确定地层时代提供了可靠依据;对岩体分布范围进行了圈定,并根据岩体的空间分布位置、矿物、结构、构造等特征以及与围岩的关系、同位素年龄测定资料,将区内岩浆岩划分为五期;确定了大地构造位置,划分了构造单元,对构造旋回等进行了详细论述,并进一步描述了褶皱与断裂的形态。

1960—1966 年,青海省地质局区域地质测量队进行了 1:20 万海晏幅区域地质调查,建立了调查区地层层序及构造体系。

1968—1969 年,青海省地质局区测队开展了以找矿为中心的 1:20 万共和幅区域地质调查,采取编测结合的方法完成调查并形成报告,该报告反映了调查区地质构造、岩浆活动等基本特点及其与成矿的内在联系。

至 1970 年前后,1:20 万区域地质调查已覆盖全区绝大部分地区,并按国际分幅完成了 1:100 万地质图的编制。这一阶段后期在祁连山区开展了少量的地质科研工作,主要侧重于地层及矿床地质方面的研究。

1980 年,祁连地区开始了 1:5 万区域地质调查,先后完成 30 余幅填图工作(主要在甘肃境内),较详尽地提供了祁连局部地区的基础地质资料。

2004—2006 年,青海省地质调查院完成了 1:25 万西宁幅区域地质调查,进一步提高了实习区的地质工作水平。

1.4.2　地质构造研究方面

我国地学先驱李四光(1955)将祁连山东部外围区划归陇西系巨型旋卷构造,并论述了河西构造体系以及中国西北部活动性构造体系与地震分布的关系。涂光炽将祁连山划分成 7 个构造岩相带,自北向南为:①走廊坳陷带;②北祁连山加里东褶皱带;③中祁连山前寒武纪褶皱带;④南祁连山早古生代—中生代(或早古生代—三叠纪)坳陷带;⑤南祁连山加里东褶皱带;⑥南祁连山印支褶皱带(或海西褶皱带);⑦柴达木北缘隆起带(或柴达木北缘前寒武纪褶皱带)。黄汲清等(1965)将祁连山自北而南划分成 5 个构造单元:①走廊过渡带;②北祁连山褶皱带;③祁连中间隆起带;④南祁连山褶皱带;⑤祁连南缘过渡带。同时,进一步将南祁连划分为冒地槽褶皱带,认为其具有多旋回构造发展的特征。

20 世纪 60 年代中期板块构造学说的问世在全球地学界引起了强烈的反响,傅承义(1972)、尹赞勋(1973)率先将这一新兴的全球构造学说介绍给中国地质界。从 20 世纪 70 年代中期开始,在祁连山相继开展了蛇绿岩、高压变质岩、俯冲杂岩、构造变形、海相火山岩、板块构造和板块动力学方面的专题研究。李春昱(1976)最先提出祁连山存在板块构造体制,得到王荃等(1976)的赞同。李春昱等(1978)继而详细地论述了祁连山古板块构造发展历程。

20 世纪 90 年代,国家"八五"攻关项目在祁连实施,除了找矿专题外,还设立了基础研究专题。与此同时,国家自然科学基金委员会还资助了蛇绿岩和地幔岩的研究。上述研究使祁连造山带在蛇绿岩、地幔岩、海相火山岩、俯冲杂岩、板块构造、造山作用、成矿作用、地壳结构等方面的研究均取得了长足的进展。特别值得提及的是,在一些论著中已探讨了海相火山作用、成矿作用、板块构造、造山作用过程与地幔柱构造活动的关系。目前普遍认为祁连造山带是典型的增生型造山带(Xiao et al.,2009),通常将其划分为北祁连、中祁连、南祁连 3 个构造带(冯益民等,2002)。

1.4.3　综合地质研究方面

祁连造山带先后开展了多项专题研究,对区内地层、构造、矿产等各方面进行了详细的研究。从 20 世纪 70 年代中期开始,在祁连山相继开展了蛇绿岩、俯冲杂岩、构造变形、海相火山岩、板块构造和板块动力学方面的专题研究。李春昱(1976)最先提出祁连山存在板块构造体系;肖序常等(1978)专题论述了北祁连山蛇绿岩;夏林圻等(1996)基于对该区海相火山岩的研究,确认了沟弧盆体系的存在;冯益民等(1992)对祁连山大地构造与造山作用进行了深入探讨;涂德龙等(1998)对青海湟水盆地活断层的研究表明新构造运动与人类生存环境关系密切,对区域可持续发展有重要影响。这些研究在当时祁连造山带专题研究方面均具有开创性意义。

1.4.4　年代学研究方面

不同学者对祁连造山带开展了年代学方面的研究,多数研究认为区内岩浆活动集中于加里东期(543~410 Ma)。北祁连山南带,榴辉岩的变质锆石 U-Pb 年龄为 463~489 Ma (Song et al., 2004);宋忠宝等(2005)利用锆石 U-Pb 法测得北祁连山车路沟英安斑岩的生成年龄为(427.7 ± 4.5)Ma,属加里东晚期;樊光明等(2007)获取祁连山东南段变质矿物白云母 ^{40}Ar-^{39}Ar 同位素年龄分别为(405.1 ± 2.4)Ma 和(418.3 ± 2.8)Ma;林宜慧等(2012)通过对绿帘石蓝片岩进行 ^{40}Ar-^{39}Ar 同位素测年,获得其变质年龄分别为(447 ± 1.7)~(447 ± 5)Ma 和(453 ± 2)~(454 ± 2)Ma。

1.4.5　矿产资源调查方面

实习区矿产勘查地质工作及研究程度偏低,对区域成矿地质背景、区域成矿规律研究程度不够深入。前期虽已完成 1∶20 万区域地质调查和 1∶20 万地球化学扫面工作,对区域内的各种异常进行了圈定,但所反映的找矿信息不够具体,已不能满足资源调查评价的需要,加上地理环境较差、相对高差极大、植被发育等诸多因素的影响,制约了地质工作的顺利进行,矿产评价程度总体较低,尚待进一步开展系统的 1∶5 万水系沉积物测量及异常查证等工作,进行比较系统的调查和验证。

以上地勘单位和专家学者所完成的各项地质调查与专题研究,为本实习指导书的编辑出版提供了十分有益的参考借鉴作用。

第 2 章　实习区地质概况

2.1　实习区及外围地层与岩浆岩

2.1.1　实习区及外围地层

实习区地处中、南祁连山地块之间,地层区划归属华北地层大区秦祁昆地层区,涉及的地层主要为中祁连山地层区。区内出露地层由老到新主要为古元古代湟源岩群刘家台组(Pt$_1$l)和东岔沟组(Pt$_1$d),中元古代长城纪湟中岩群磨石沟组(Chm)和青石坡组(Chq),中元古代蓟县纪花石山岩群克素尔组(Jxk)和北门峡组(Jxb),中生代晚三叠世默勒岩群阿塔寺组(T$_3$a)及白垩纪河口组(K$_1$h)、民和组(K$_2$m),新生代古近纪西宁组(Ex),以及第四纪地层。中祁连地层体总体呈北西—南东方向展布,以古元古代湟源岩群构成本分区的结晶基底岩。现将出露地层由老至新分述如下。

1)古元古代地层

在实习区内,古元古代地层为湟源岩群(Pt$_1$H),在中祁连地层分区大面积出露,为中祁连地块基底形成的重要组成部分,湟源岩群又分为刘家台组和东岔沟组,两者主要以大理岩的出现为划分标志,刘家台组以一套泥质和碳质含量较高的云母片岩、碳质板岩、石墨片岩和千枚岩为主,其顶部为一套灰白色糖粒状大理岩,而东岔沟组是以云母片岩、石英片岩及泥钙质板岩为主的区域变质作用下的浅变质变形地层。

(1)古元古代湟源岩群刘家台组(Pt$_1$l)。

古元古代刘家台组见于湟源县刘家台村附近,覆盖转窝村北部—刘家台村—盘道水库等地区,分布面积较小,平面图上呈红薯状或囊状,长轴近北北西—南南东向,以刘家台村附近地层出露较好。顶部与上覆东岔沟组呈断层接触关系,底部被第四系和植被覆盖,但未见底,是一套以含碳质片岩为主夹大理岩组合而成的地层。下部以含碳质石英云母片岩为主夹大理岩,上部为中、粗粒大理岩。以中、粗粒大理岩的消失与东岔沟组分隔,底界不明。该地层为一套低中级变质岩系,变质达低角闪岩相。岩石经历了强烈的动力变质作用使岩石中片理发育。原岩恢复认为是沉积变质岩构成,其原岩岩石组合为以泥质岩为主,夹砂岩及少量的粉砂岩和碳酸盐岩。以石英片岩为主,说明组成矿物以石英为主,矿物成熟度较高,水动力作用较强,这些岩石组合反映出海退过程中浅海相沉积的特点。

(2)古元古代湟源岩群东岔沟组(Pt$_1$d)。

东岔沟组的分布从湟源县蒙古道村,途经盘道水库至东岔沟村一带,层位稳定,岩性宏观特征及其组合特征较为明显,以不含大理岩及硅质岩而区别于刘家台组与磨石沟组。整合于刘家台组之上、角度不整合磨石沟组之下的一套变质碎屑岩组合,底以刘家台组顶部中粗粒大理岩的消失分界,顶以石英岩的始现(或不整合)与磨石沟组分隔。东岔沟组可分为上下两段:下段(Pt_1d^1)岩性以石榴子石云母片岩、石英片岩夹角闪片岩类为主,中间以云母片岩夹云母石英片岩、绿泥石片岩为主,局部可见片麻岩;上段(Pt_1d^2)顶部以千枚岩为主,夹斜长角闪片岩,夹绢云母绿泥石片岩等,多受到早泥盆纪多条辉长岩脉和酸性岩脉穿插影响,岩石表面褐铁矿化蚀变现象较明显。

东岔沟组为一套低中级变质岩系,变质程度达低角闪岩相,原岩恢复为泥砂质-泥钙质岩石。虽然东岔沟组岩石受后期地质改造作用影响较强,原始沉积序列和沉积环境已无法保存,岩石变质强烈,其层序无法恢复,但通过原岩恢复后,岩石以泥质岩为主,部分为泥砂质岩,并夹有钙质沉积岩(大理岩等)和中基性火山岩夹层等,这些特征反映出形成环境为浅海相。

2)中元古代地层

中元古代地层见有长城纪湟中岩群(ChH)和蓟县纪花石山岩群(JxH),在实习区及其外围出露较集中。湟中岩群包括磨石沟组(Chm)和青石坡组(Chq),湟中岩群从海晏县县牧场—窑洞村—东岔沟村均有出露,与湟源岩群东岔沟组呈角度不整合接触,与上覆纪花石山岩群地层整合接触。花石山岩群(JxH)由克素尔组(Jxk)和北门峡组(Jxb)组成,主要从阳坡湾村—白石崖村—克素尔村—东岔沟村呈狭长条带状分布,与湟源岩群地层呈断层接触关系,与湟中岩群地层呈整合接触关系。

(1)中元古代长城纪湟中岩群磨石沟组(Chm)。

在实习区及其外围,磨石沟组呈稳定的狭长条带状,从海晏县西南侧的县牧场,途经湟源县的乌图—百灵咀,在百灵咀东侧的磨石沟组厚度增加最高达 4 km 左右,后经直叉沟村向南西方向延伸,厚度变小,断断续续延伸至东岔沟村东侧,其厚度小于 1 km。磨石沟组岩层稳定,岩性相对简单,以块层状和厚—巨厚层状石英岩为主,底部为一套石英质碎裂岩,中部为一套厚—巨厚层状、块层状石英岩,夹薄层状石英岩、石英片岩,见少量辉长岩脉穿插,岩脉规模较小,其顶部厚层状石英岩减少,以中层状、块层状石英岩夹石英片岩、千枚岩、绢云母石英片岩为主,见大量石英脉贯入。厚层状石英岩表面多为肉红色、砖红色,发育硅铁质薄膜,岩石中硅铁含量较高,走向稳定。湟源县的乌图—百灵咀—直叉沟村一带磨石沟组以厚层—巨厚层状石英岩为主,石英岩中石英纯度较高,含量较高,高达 97%~99%,厚度从几百米至几千米不等,以浅肉红色为主,硅铁含量高。直叉沟村—白崖村—白水河村—湟中县东岔沟村一带,石英岩厚度减小,最厚约 1 km,以厚层状石英岩为主,其上部夹石英片岩、千枚岩及绢云母石英片岩增多,石英质碎裂岩几乎消失。

实习区内磨石沟组未发现微古植物化石,而 1:20 万西宁幅在磨石沟组中仅发现少量微古植物,斜沟窑洞庄地区灰色含石榴二云石英片岩中所产的微古植物化石,经尹磊明鉴定为 *Trachysphaeridium* sp.;部分样品分析后,还发现一些 *Sphaeromorphida* 微古植物,因保存不好,不能进一步鉴定,本组岩性、厚度和变化不大,部分石英岩中劈理构造发育,局部具有交错层理。磨石沟组形成了巨厚的原岩为石英砂岩、含泥至泥质石英砂岩夹砂质泥岩和泥质岩的沉积,引用 1:20 万西宁幅资料关于磨石沟组沉积相资料如下。

①沉积物颜色深、浅相间。

②沉积物粒度呈砂-泥交替变化。

③砂岩的成分成熟度及结构成熟度皆高,几乎全部由粒度相近的石英碎屑组成。

④发育有对称波痕及浪成交错层理,水平层理、块状层理发育。

⑤含微小古植物化石。

上述特征,反映了滨海至浅海相沉积环境。

（2）中元古代长城纪湟中岩群青石坡组（Chq）。

中元古代长城纪湟中岩群青石坡组分布于湟源县大北湾村南部,经白水河至图幅最南边（拉脊山北坡）一带。主要岩性为千枚岩、泥钙质板岩等浅变质岩,其次见钙质板岩中夹薄层状石英岩、石英片岩,原生构造为波状层理、交错层理、干裂—水平层理—交错层理发育等,岩石发生弱柔性变形,形成揉皱构造。下部以巨厚层状石英质碎屑岩的消失与磨石沟组分隔,顶部以出现白云质碳酸盐岩为主界与克素尔组分开。区域上青石坡组分布较为广泛,与磨石沟组形影相随,但在实习区内主要出露于湟源县白水河村至东岔沟村一带,呈狭长条带状或楔形断层夹块,北西—南东向展布,控制厚度为 500~2 200 m。由西向东石英岩成分所占比例减小,而千枚岩、板岩所占比例增大。

青石坡组自下而上沉积物颜色由灰色变为灰绿色、灰紫色。所含黄铁矿晶体（或结核）分布特征为少量—富含—少量。岩石由粉砂质板状千枚岩夹浅灰色轻变质泥质石英粉砂岩至细砂岩、含砾砂岩、石英砂岩,显示粗—细—粗的层序特征。原生构造为波状层理、交错层理、干裂—水平层理—交错层理发育,显示动荡滨海—闭塞海湾—海滩的沉积环境。

①沉积物颜色自下而上由较浅—稍深—深变化。

②沉积物粒度自下而上呈稍粗—稍细—细递变。

③所含碳质自下而上由不含—少量—较多变化。

④中至厚层构造,水平层理十分发育。

上述特征,充分显示了海水渐深的浅海相沉积环境。

（3）中元古代蓟县纪花石山岩群克素尔组（Jxk）。

中元古代蓟县纪花石山岩群克素尔组呈条带状分布于湟源县巴汉—石崖湾—白石崖—尕庄—湟中县堂堂—大石门和湟源县克素尔—小茶石浪一带,主要分布于中祁连山地块,与两侧地质体接触关系以断层接触为主。该组底部为一套灰红色、暗紫红色、浅棕红色至棕红色砾岩,其上以白色、灰白色白云岩、碎裂岩化白云岩为主,包括灰岩质砾岩,白云岩呈薄层状、中厚层状和块层状,其上见少量千枚岩,厚度较小,其顶部以含千枚岩为特征与北门峡组分开,根据以上岩性组合特征,将克素尔组（Jxk）划分为两段:下段为砾岩段（Jxk^1）,上段为碳酸盐岩段（Jxk^2）。

①下段砾岩段（Jxk^1）:岩性以浅棕红色至棕红色砾岩为主,砾状结构,块状构造,由碎屑物和胶结物两部分组成。碎屑物含量为 90%~95%,其中以砾石为主,占 70%~85%。其成分主要是石英岩,砾石呈圆状、滚圆状,底部砾石最大,向上有按粒序变化的趋势,砾石具有沿长轴排列的特点。自底向上,板岩岩屑含量有递减变化。胶结形式以接触式为主。该砾岩为底砾岩。

②上段碳酸盐岩段（Jxk^2）:以白色-灰白色白云质灰岩、碎裂岩化灰岩为主,中间夹薄层状结晶灰岩,块层状,白云岩局部呈条纹状,白云岩主要为中层状和厚层状,局部夹灰岩质砾岩,顶部含少量千枚岩,厚度较小,变形较强。

实习区内克素尔组中未发现较好的沉积环境资料,引用 1∶20 万西宁幅报告中的资料,克素尔组由滨海近岸碎屑岩—滨海含碎屑碳酸盐岩、鲕状碳酸盐岩—浅海碳酸盐岩夹板岩—次深海硅质岩（石英岩）组成。沉积特征总体如下。

①自底向上由粗碎屑岩向细碎屑岩递变，再出现含砾碳酸盐岩。

②巨厚层状、中厚层状构造；块状层理、平行层理发育，显递变层理；顶部见对称波痕、斜层理和平卧虫孔。

③沉积物颜色以灰色、灰白色和深灰色为主。

④沉积物主要为白云岩，中上部白云岩中富含硅质条带和硅质团块。

⑤镁质碳酸盐岩，既有低能带的层状白云岩，又有高能带的鲕状白云岩、内碎屑白云岩和角砾状白云岩。

⑥富含叠层石及微古植物。

⑦下部普遍含有铁质。

上述特征，显示为滨浅海相沉积环境。

（4）中元古代蓟县纪花石山岩群北门峡组（Jxb）。

中元古代蓟县纪花石山岩群北门峡组呈带状分布于湟源县白石崖—尕庄—湟中县堂堂—大石门一带和湟源县克素尔—小茶石浪—青阳山根一带，呈稳定断层块体状，长轴方向为北西—南东向。实习区北门峡组底部为一套浅变质岩，岩性为深灰色千枚岩夹云母片岩，其上为一套碳酸盐岩组分，主要为白云岩、白云质灰岩及碎裂岩化白云岩，其次为薄层状、条纹状结晶灰岩，表面刀砍状发育，表面见淋滤作用较强。北门峡组为一套稳定的碳酸盐岩台地沉积，厚度稳定，以白云质碳酸盐岩为主，实习区仅在湟源县克素尔村附近出露，控制厚度约800 m，为碳酸盐岩组合，其正常层序下岩厚、走向稳定，此处受后期地质作用影响，形成背斜和向斜构造，岩性重复，导致岩层变厚。

北门峡组沉积特点如下。

①岩性较单一，以碳酸盐岩为主，夹有硅质岩，沉积物颜色深、浅更替出现。

②巨厚层构造。

③岩石中含菱铁矿颗粒，反映水动力条件弱的还原环境。

④含微古植物化石。

上述特征，反映出该组形成于次深海—浅海碳酸盐岩夹硅质沉积的还原环境。

3）中生代地层

实习区内中生代地层主要为三叠纪及白垩纪地层，三叠纪主要出露地层为晚三叠世默勒岩群阿塔寺组（T_3a），主要分布于实习区外围北东部，在北中部零星出露，属滨—浅海相活动型沉积。此外，白垩纪主要出露地层为河口组（K_1h）和民和组（K_2m），主要分布在实习区外围南部、东南部，出露面积不大，二者皆以陆相碎屑沉积为主。

（1）中生代晚三叠世默勒岩群阿塔寺组（T_3a）。

中生代晚三叠世默勒岩群阿塔寺组主要分布于实习区外围北东部马场沟—上五庄镇一带，呈北东—南西向分布，在西侧直接以角度不整合覆盖于古元古代湟源岩群东岔沟组之上。阿塔寺组主要岩性组合为紫红色、灰黄色砾岩，岩屑长石杂砂岩，砂岩，含砾砂岩，夹粉砂岩、泥岩等。将阿塔寺组分为两段，即下部砾岩段和上部砂岩段。

①下段砾岩段（T_3a^l）：主要出露岩性为浅肉红色厚层状复成分砾岩，紫红色、灰黄色中

厚层状中砾岩,暗紫红色、灰黄色中层状细砾岩,砾石分选性差,磨圆度为次棱角状—次圆状,砾石成分以石英为主,其次有砂岩、片岩、片麻岩、花岗岩等。

②上段砂岩段(T_3a^2):紫红色、灰黄色中—厚层状岩屑长石杂砂岩,紫红色中粒长石石英杂砂岩,紫红色中细粒长石石英砂岩,薄层状粉砂岩夹中层状细砂岩,紫红色、暗紫红色含砾粗砂岩,灰黄色含砾粗砂岩与泥岩互层,紫红色含砾中粗粒长石石英砂岩,泥岩,等等。

阿塔寺组中未见动物化石,其沉积构造组合表现为层状构造发育,层内多见平行层理、水平层理等细纹层理,此外还可见交错层理和斜层理发育。整体岩组的沉积为砾岩—砂岩夹砾岩—含砾砂岩、砂岩,反映了粒度由粗变细的规律,此外与青白口组呈角度不整合接触,反映自阿塔寺组开始,沉积环境已变为陆相沉积。粗砂岩中发育槽状交错层理,中细粒砂状中发育板状交错层理,粉砂岩中发育平行层理。上述特征反映阿塔寺组应为山麓河湖相沉积。

(2)中生代白垩纪河口组(K_1h)。

中生代白垩纪河口组分布于实习区外围南部日月藏族乡兔尔干村南响河一带,出露面积相对较小,在北—北东侧与蓟县纪花石山岩群克素尔组和北门峡组呈角度不整合接触,在南西侧与新生代古近纪西宁组(Ex)也呈现角度不整合接触。主要出露岩性为砖红色、灰紫色复成分砾岩,石英质砾岩,紫红色、灰白色长石砂岩,夹灰紫色薄层状泥质粉砂岩、泥岩等。河口组宏观上呈北西—南东向展布,岩性总体特征横向上稳定、纵向沉积连续,沉积厚度变化较大。为一套以红色为主体的中—厚层状砂岩、砾岩、砂砾岩夹泥岩、页岩及石膏层的河流—湖泊相沉积碎屑岩系,碎屑颗粒表现出粗—细—粗特点,下部是一套明显棕红色复成分砾岩,其上为一套含砾粗砂岩,泥岩、细砂岩分布其上,局部夹石膏层等。厚度由百余米增至千米不等,与上覆、下伏地层宏观岩性差异明显。整体上自北东向南西依次出露为砾岩段—砂岩段。

河口组下部由粗—细—粗—细的两个"半旋回"构成;上部由粗—细—粗的一个完整旋回构成。河口组呈砾岩、砂砾岩、砂—砂岩、泥(页)岩变化。沉积特征是:沉积物颜色以紫红色、灰紫色为主,细碎屑岩中有灰紫色、灰白色、红色;粗碎屑岩成分成熟度、结构成熟度较高,磨圆度较好;砂岩中水平层理、块状层理发育,可见有杂乱分布的虫孔、虫迹。河口组下部为砾岩段,砾石磨圆较好,多呈次圆状,砾岩砾石成分复杂,反映砾石搬运距离较远,冲刷时间较长。向上主要为细砾岩、细—中砾岩,并见有含砾粗砂岩,上部为砂岩,夹泥质粉砂岩和少量泥岩,总体为退积型沉积序列。河口组岩石颜色总体呈紫红色、灰紫色、灰白色,反映其为氧化环境沉积。砂岩中发育平行层理及交错层理,粉砂岩中局部发育平行层理。综上所述,河口组应为滨湖相沉积。

(3)中生代白垩纪民和组(K_2m)。

中生代白垩纪民和组分布于实习区外围东南部,扎子村西侧一带,整体上呈条带状,沿南北向分布,出露面积相对较小,在西侧与古元古代东岔沟组呈断层接触,在东侧与西宁组(顶界)呈平行不整合接触,颜色以浅棕红色为主,顶部以砖红色为标志,与上覆的西宁组(以棕红色为主)及下伏的河口组(以棕红色为主,夹土黄色)差别较明显,民和组底界与河口组呈角度不整合接触。民和组上部以红色泥岩、粉砂质泥岩为主,夹细砂岩及石膏层,中部由含砾砂岩、砂岩组成,下部由砾岩、砂砾岩、细砾岩组成;根据其岩性组合特征,将民和组分为三段,即下段砾岩段、中段砂岩段、上段泥岩段。下段砾岩段(K_2m^1)主要出露紫红色、紫灰色复成分砾岩,浅棕红色巨厚层状中砾岩,褐黄色、浅棕红色巨厚层状砂砾岩,细砾岩等;中段砂岩段(K_2m^2)以长石砂岩、灰色长石石英砂岩为主,浅棕红色、砖红色巨厚层状含砾不等粒砂岩等;上段泥岩段(K_2m^3)出露主要有棕灰色泥岩、浅棕红色粉砂质泥岩、粉砂岩等。

民和组岩层沉积特点是:沉积物颜色以浅棕红色为主;沉积厚度较小,粗碎屑岩粒度较细;成分成熟度、结构成熟度较高,磨圆度较好;岩石中发育有水平层理,未见化石和炭化植物碎片。砾岩中的砂、钙质基底—孔隙式胶结的特征反映沉积物来自近源,而地层中出现粉砂质泥岩,则反映为滨浅湖环境下形成的细碎屑岩沉积。综上所述,认为民和组为滨湖相沉积。

4)新生代地层

实习区内新生代地层为古近纪西宁组(Ex)和第四纪地层,西宁组主要分布在实习区东部,由于第四系覆盖未见顶,与下伏民和组呈不整合接触,以底部富含碳质的黑灰色石膏岩与民和组上部的棕红色泥岩相区别;以底部浅棕红色含砾含石膏砂岩与民和组上部砖红至棕红色含粉砂泥岩相区别,以含石膏为特征。第四纪地层广为发育。

（1）新生代古近纪西宁组(Ex)。

新生代古近纪西宁组在实习区内出露范围较大,但分布较为散乱,于实习区东北角东侧大面积出露,在中部及中西部局部呈团块状零星出露,顶界多被第四纪晚更新世冲洪积物覆盖,未见顶,底界与白垩世民和组呈不整合接触。岩石组合为复成分砾岩、长石石英砂岩、长石砂岩、砖红色泥岩等,根据其岩石特征,将其划分为三段,依次为下段砾岩段、中段泥岩夹砂岩段与上段泥岩段。

①下段砾岩段(Ex^1):主要为灰红色、砖红色、紫红色、暗紫红色复成分砾岩,岩层厚度为中层状—巨厚层状不等;砾石成分为石英、砂岩、花岗岩、片麻岩等,较为杂乱;砾石分选性一般,磨圆度较好,局部岩石中发育有轻微的层理构造。

②中段泥岩夹砂岩段(Ex^2):主要岩性为红棕—棕色、浅肉红色、砖红色、暗棕色长石石英砂岩,泥岩,细粒长石砂岩等,岩石中平行层理、水平层理、交错层理发育。

③上段泥岩段(Ex^3):在调查区图幅内出露面积较大,岩性以砖红色泥岩为特征,出露范围较大。

通过西宁组的岩石特征可以看出,砾岩、泥岩和砂岩多为紫红色、暗紫红色、棕红色、砖红色色调,这是干旱—半干旱氧化条件下的产物,其次砾岩为厚的块层状,砾石成分较为杂乱,砾石磨圆度较好,表明岩石中的砾石成分除本地成分以外还有外来物质,经过一定的搬运,堆积物以河流相为主,为陆相红色建造。总之,岩性为干燥气候条件下的湖相含石膏红色碎屑岩沉积,属气候为干旱暂时性水流形成的滨湖相沉积环境。

（2）第四纪地层。

第四纪地层广为发育,主要分布于河谷地区及山丘地带。按成因类型进行划分,以湖积、冲积、洪积及冲洪积类型为主,尚见风积、沼泽堆积、化学堆积、冰水堆积及冰碛堆积等。青海湖东南部以冲洪积和风积为主。青海湖东部及海晏则发育湖积、风积及冲洪积等。

2.1.2　实习区及外围岩浆岩

实习区位于祁连造山带东段,岩浆活动强烈,时代跨度较大,分布面积广。从元古代到古生代岩浆活动此起彼伏,形成了研究区岩石类型各异、时空分布不同、规模不等的各类侵入岩和喷出岩。它们真实地记录了研究区构造演化史,是研究、反演祁连造山带形成、演化地球动力学过程的示踪剂,是探索大陆地壳生长方式的重要内容。

实习区的岩浆活动有以下特征。

①岩石类型复杂,闪长岩、英云闪长岩、石英闪长岩、石英正长岩、花岗闪长岩、二长花岗岩、正长花岗岩均有分布,其中尤以二长花岗岩、花岗闪长岩分布范围最广,单个侵入岩体出露面积一般较大,空间上岩体群居性较好。

②岩浆活动频繁于元古代和古生代,并以早古生代岩浆活动更为强烈,侵入岩发育。

③实习区内岩浆活动与构造运动的关系十分密切,受断裂构造控制明显,不同时期、不同成因、不同岩石类型组成复式复杂深成岩体。

④实习区火山活动起始于古元古代,终止于晚寒武世,主要集中于东岔沟组中,不同时代火山岩岩石成分复杂,反映形成时环境有很大差异。

1)新元古代侵入岩

该期侵入岩分布较为广泛,白花沟岩体东西两侧及南侧与东岔沟组呈侵入接触,北面与阿塔寺组呈沉积接触;岩石表面球状风化强烈,多组节理共同发育;大部分矿物被定向拉伸,暗色矿物定向排列与浅色矿物排列一致,形成片麻状构造,沿裂隙面可见钾化蚀变和绿帘石化,褐铁矿化普遍发育,岩石中见后期石英脉穿插。下石门岩体南侧、东侧与东岔沟组呈侵入接触。部分围岩可见褐铁矿化蚀变,蚀变带宽窄不一;西侧被冰碛堆积覆盖。其次侵入岩中可见闪长质包体出露,大小不一。上莫吉岩体北侧与晚奥陶世似斑状二长花岗岩呈超动接触,其余部分与东岔沟组呈侵入接触,岩体内可见磨石沟组的捕虏体。响河岩体北侧、东西两侧与东岔沟组呈侵入接触,岩体面理产状与围岩面理产状一致,岩体中心向岩体边部面理构造的发育程度有逐渐增强的趋势,岩体与围岩形成混染带,宽 100~500 m,沿岩体延长方向可达 2 000 m,主要表现为岩体与围岩混杂分布,片岩被花岗岩强烈穿插,产状极乱,岩体中见大量片岩捕虏体存在,形态以长条状和透镜状为主,大小为几十厘米,最大者可达几米,岩石表面风化强烈,节理发育,沿节理裂隙穿插多条石英脉,岩脉规模小,见不连续褐铁矿化呈薄膜状分布;响河岩体中局部岩体变形较强,可见石香肠构造,其次岩体中见闪长质包体出露。

(1)下石门、白花沟花岗闪长岩体。

灰白色似斑状花岗闪长岩,似斑状结构、块状构造、片麻状构造。岩石主要由钾长石斑晶和基质组成,基质主要由斜长石、石英、钾长石及黑云母等矿物组成。钾长石斑晶呈半自形板状,粒度为 4~10 mm。基质中,斜长石呈半自形板状,粒度为 0.77~3 mm,可见聚片双晶,晶内有绢云母蚀变物;石英呈他形粒状,粒度为 0.05~1.67 mm,有的可见波状消光,有的呈石英集合体;钾长石呈半自形粒状,粒度为 0.76~4 mm,晶内可见格子双晶,斜长石条纹及石英包裹体;黑云母呈片状,片径为 0.14~2.35 mm,晶内有白钛石析出物,有的已蚀变为绿泥石;白云母呈片状,片径为 0.03~0.1 mm,与黑云母共生;磷灰石呈小柱状,粒度为

0.25~0.49 mm,零散分布。矿物组成:斜长石 39%~50%,白云母 1%,白钛石 0.1%,石英 25%,绢云母 1%,磷灰石 0.1%,钾长石 13%~22%,绿泥石 0.2%,黑云母 2%~7%,黝帘石 0.2%~5%。

灰白色花岗闪长岩,花岗结构,块状构造,岩石主要由斜长石(37%~46%)、石英(27%~30%)、钾长石(10%~20%)及黑云母(6%~12%)等矿物组成。斜长石呈板状,粒度为 0.25~2 mm,可见聚片双晶,测得(010)钠长石双晶的消光角为 7.5,$An=24$,为更长石,有的已绢云母化;石英呈他形粒状,粒度为 0.06~1.53 mm,有的可见波状消光;钾长石呈他形与半自形粒状,粒度为 0.76~1.53 mm,晶内可见格子双晶,为微斜长石;黑云母呈片状,片径为 0.05~1.5 mm;白云母(3%)呈片状,片径为 0.04~0.35 mm;绢云母(8%)呈显微鳞片状,粒度为 0.01~0.04 mm。黝帘石、白钛石含量各为 0.1%,磷灰石含量为 0.1%~0.5%,绿帘石含量为 0.5%。

灰白色黑云斜长片麻岩(花岗质片麻岩),岩石具鳞片粒状变晶结构,片麻状构造,块状构造,岩石由大量的长英矿物组成。黑云母(10%)为深棕色至棕褐色多色性,晶体大小为 0.2~0.5 mm,呈片麻状断续定向分布。斜长石(51%)为半自形板柱状,粒径为 0.2~2.0 mm,少量粒径小于 0.2 mm,在细粒部分中蠕英结构较发育,晶体内可见细密的钠长双晶,有的晶体可见环带,有较多的绢云母和泥化产物,晶体多具定向分布。钾长石(12%)和石英(26%)为他形晶体,粒径为 0.2~1.5 mm,钾长石具格子双晶,石英普遍具波状消光。钾长石和石英亦表现为定向分布。偶见锆石(0.1%),为自形小柱状,粒径为 0.005 mm × 0.02 mm~ 0.015 mm × 0.10 mm,见包于石英和钾长石中;另有白云母(0.3%)、绿泥石(0.2%)、磷灰石(0.4%)。

(2)上莫吉二长花岗岩体。

灰白色片麻状二长花岗岩,花岗结构,弱片麻状构造。岩石主要由钾长石(30%~38%)、石英(25%~28%)、斜长石(25%)、黑云母(6%~15%)及少量的白云母(1%)组成。钾长石呈他形粒状,粒度为 0.05~0.7 mm,晶内见格子双晶且有土状高岭石分布;斜长石呈半自形粒状,粒度为 0.04~0.6 mm,晶内可见聚片双晶;石英呈他形粒状,粒度为 0.03~0.67 mm,有的石英呈碎粒化及波状消光;黑云母呈片状,片径为 0.05~1.5 mm,晶内有白钛石析出物;白云母呈片状,片径为 0.03~0.89 mm,云母呈定向排列,与长石、石英构成岩石的片麻状构造;磁铁矿含量为 0.1%,呈细小粒状,零散分布;岩石中绿帘石含量为 2%,绿泥石含量为 0.6%,磷灰石含量为 0.5%。

2)早古生代侵入岩

早古生代中酸性侵入岩广泛发育于中祁连岩浆岩带中,目前所取得的测年样数据显示,中祁连岩浆岩早古生代岩浆岩形成的时代主要为奥陶纪。中祁连岩浆岩带中的晚奥陶世各侵入岩体主要分布在研究区下巴台、居士郎、九道河、蒙古道、董家庄、小高陵、纳哈洞及石门沟一带。

(1)九道河花岗闪长岩体。

九道河花岗闪长岩体位于研究区东北部大滩东,九道河沿岩体中心通过,将岩体分割成两部分,北沿出图,该侵入体西侧侵入东岔沟组中,东侧被阿塔寺组不整合覆盖。岩体与湟源岩群接触地带岩体中围岩捕虏体较多,外接触带形成宽约 400 m 的接触变质带,围岩不同程度地重结晶及角岩化,变质程度最高达角闪角岩相。局部地区该岩体内部零星可见不同方向穿插的石英脉、闪长岩脉、伟晶岩脉等,规模最大者为伟晶岩脉,局部宽度可达 1.5 m,长度不详。岩石中局部地区可见椭圆状富云母包体产出,大小约 4 cm × 14 cm。每 10 m² 有 1~2 个该类包体产出。岩石中节理发育主要有以下两组:一组产状为 35° ∠ 60°,1 m 内有 2~3 条,为早期节理;一组产状为 250° ∠ 35°,1 m 内有 4~6 条,为后期节理。顺节理面具强绿泥石化现象。岩石及矿物特征:岩石为灰白色,中细—中粗粒花岗结构,块状构造,岩石主要由斜长石(40%~56%)、石英(28%~38%)、黑云母(6%~10%)、钾长石(7%~16%)等组成。斜长石:主要为更长石(An=25~30),半自形板状,蚀变较强,主要为高岭土化、绢云母化、轻微帘石化、边缘具钠长石化特征。石英:他形粒状,充填在其他矿物之间,晶内普遍发育变形结构,部分呈聚晶状出现,具波状消光,彼此呈齿状镶嵌。钾长石:半自形板状,他形粒状,主要为条纹长石、微斜长石。黑云母:板状,以聚晶形式产出。

(2)居士郎、董家庄、蒙古道等地的岩体。

居士郎、董家庄、蒙古道等地由三个侵入体组成。居士郎出露岩体岩性主要为似斑状花岗岩、似斑状二长花岗岩。西侧与东岔沟组呈侵入接触,南侧与新元古代侵入体呈超动侵入接触,东侧局部被西宁组角度不整合覆盖,局部地区岩石表面可见萤石矿化。董家庄出露岩体岩性主要为二长花岗岩,原 1∶25 万区调资料未能填出,四周主要被第四系风成堆积覆盖。蒙古道岩体岩性主要为黑云母二长花岗岩,东、北及南侧与东岔沟组呈侵入接触,与董家庄岩体相距较近,局部岩石中可见闪长质包体出露。岩石及矿物特征:灰白色,花岗结构,块状构造,岩石主要由钾长石、斜长石、石英及黑云母组成。钾长石(38%)呈他形粒状,粒度为 0.35~6.4 mm,晶内可见条纹,为条纹长石,晶内还包裹斜长石和石英;斜长石(26%)呈板状与半自形粒状,粒度为 0.08~3 mm,有的可见聚片双晶,晶内有土状绢云母(1%)及高岭石(1%)分布,(010)钠长石双晶的消光角为 12.5°,An=28,为更长石。

(3)小高陵岩体。

该岩浆岩出露规模较小,主要分布在小高陵附近,由两个侵入体组成,出露岩性主要为黑云母二长花岗岩,纳哈洞出露岩性为花岗闪长岩,局部岩石为似斑状。侵入体西侧与东岔沟组呈侵入接触,北侧与新元古代侵入体呈超动侵入接触,南侧局部被西宁组角度不整合接触。岩石及矿物特征:灰白色,花岗结构,块状构造,岩石主要由钾长石、斜长石、石英及黑云母组成。钾长石(38%~40%)呈半自形粒状,粒度为 0.6~10 mm,晶内可见格子双晶,晶内有斜长石及斜长石条纹,为微斜条纹长石,黑云母及石英矿物包裹体;斜长石(22%~25%)呈板状,粒度为 0.08~2.5 mm,晶内有绢云母化,有的可见聚片双晶,有的斜长石含石英,呈蠕虫结构;石英(22%~25%)呈他形粒状,粒度为 0.03~6 mm,有的可见波状消光;黑云母(12%~14%)呈片状,粒度为 0.1~2.3 mm,部分已蚀变为绿泥石(1%),且有白钛石(0.1%)析出物,含有锆石(0.1%)、磷灰石(0.1%)。

(4)石门沟白云母花岗闪长岩体。

石门沟白云母花岗闪长岩体呈单一的侵入体出露,北西—南东向展布,南、东两侧被民和组覆盖,北侧及西侧侵入东岔沟组中。岩石及矿物特征:浅肉红色,似斑状结构、粒状镶嵌结构,块状构造。矿物特征及其变化:岩石由白云母(>5%)、石英(20%~25%)、长石组成。钾长石(15%~20%)具格子双晶,个别见卡氏双晶,粒度为 0.5~1.2 mm;斜长石(50%~55%)

常见聚片双晶,粒度为 0.5~1.2 mm,少数可达 5~6 mm,构成似斑状;一般深成岩体边部容易出现这种斑状、似斑状结构;白云母呈片状,一般粒度为 0.7~1.2 mm,最大粒度可达 1.7 mm。

3)晚寒武世火山岩

晚寒武世火山岩在湟源的巴汉村地区呈零星断块状出露,实习区中县牧场—玉石湾一带发现岩性呈零星不连续的断块分布。

晚寒武世中基性火山岩在实习区外围的拉脊山结合带内分布十分广泛,该中基性熔岩具有两种产状特征:一种为规模较大的基性火山岩段,岩性单一;另一种基性熔岩呈规模不等的层状体或透镜体产于细碎屑岩、硅质岩中,称为碎屑岩段。岩性以一套片理化、强碎裂岩化玄武岩、玄武安山岩、安山岩为主,见少量英安岩及火山角砾岩。为一套中基性火山岩,其间夹绿帘石片岩、深灰绿色绿帘石绿泥石化片岩(其原岩为火山岩)、灰质熔岩及灰色泥钙质千枚岩等,岩石整体片理化和碎裂岩化较发育,常伴有后期花岗闪长岩脉和英云闪长岩脉贯入。

(1)玄武岩。

岩石为灰绿色,块状构造,枕状构造常见,斑状结构,基质具填间结构,斑晶由辉石假象和橄榄石假象组成,被碳酸盐岩及绿泥石集合体取代,斑晶大小为 0.55~1.09 mm,含量约为 2%,基质成分为斜长石(62%)、辉石(1%)、橄榄石(少量)。

(2)安山岩。

岩石为灰绿色,块状构造,斑状结构,斑晶成分主要为中更长石,基质具交织结构,由斜长石、角闪石、磁铁矿组成,有时含少量石英。

(3)蚀变安山岩。

岩石为少斑状结构,基质为交织结构,块状构造。矿物特征及其变化:岩石由斑晶和基质组成。沿裂隙有绿泥石、方解石、绿帘石充填。斜长石斑晶长柱状,粒度为 0.25~0.8 mm 不等,多具卡斯巴双晶,个别聚片双晶。角闪石斑晶粒度为 0.5 mm,绿泥石化。基质为细条状,粒度为 0.05~0.1 mm。斜长石多平行排列,构成交织结构。斑晶主要为斜长石,含少量绿泥石化普通角闪石, 10 %~15%;基质为斜长石, 85%~90%;另含隐晶质(少量)。次生矿物:绿泥石、碳酸盐岩(少)、绿帘石(少)。

2.2　实习区及外围构造

2.2.1　构造单元的划分

实习区位于青海省东北部,区域构造位置处于中—南祁连弧盆系之中祁连岩浆弧。该单元可进一步划分为果洛畔古元古代基底残块、克素尔村中元古代浅海陆棚相带、小河沟新元古代花岗岩带、大寺沟晚三叠世陆内盆地和扎子村晚白垩世上叠盆地 5 个四级构造单元。

1)果洛畔古元古代基底残块

该单元呈北北西向分布于果洛畔—刘家台一带。单元内主要出露古元古代湟源岩群刘家台组和东岔沟组,其次为长城纪湟中岩群磨石沟组、青石坡组,零星出露晚三叠世阿塔寺组,在山前凹地分布古近纪西宁组,沿河谷分布晚更新世—全新世冲洪积物。其中,湟源岩群与湟中岩群多呈断层接触,局部为推测角度不整合接触;与花石山岩群均呈断层接触,湟中岩群与花石山岩群呈断层接触,西宁组呈角度不整合覆盖在湟源岩群、湟中岩群及花石山岩群之上。湟源岩群刘家台组下部岩石组合以石墨片岩、云母片岩、石英片岩为主,偶夹千枚岩;上部以大理岩为主,夹少许石榴石石英片岩及绿泥片岩等。东岔沟组下部以石英片岩、二云母片岩为主,局部夹少量的斜长角闪(片)岩及透镜状大理岩;上部以黑云斜长片麻岩为主,夹石英片岩。二者呈韧性剪切带接触,局部呈断层接触。湟源岩群原岩以砂岩+泥岩+碳酸盐岩为主,局部夹不稳定分布的基性火山岩。沉积环境具有活动大陆边缘特征。湟中岩群磨石沟组下部为一套石英质砾岩,上部为石英岩夹少量的片岩。青石坡组主要为灰色千枚岩,夹粉砂质板岩。湟中岩群原岩下部为石英砂岩或长石石英砂岩夹泥质岩;上部为泥质岩或粉砂岩,具有浅海陆棚相沉积环境。花石山岩群下部克素尔组岩性以一套厚层—块层状结晶灰岩夹白云岩为主,局部夹少量的千枚岩;上部北门峡组以一套单一的厚层—块层状含燧石条带白云岩为主,夹中—薄层状白云质灰岩。该岩性反映出蓟县纪海水有所加深。晚三叠世阿塔寺组以一套陆相砾岩、砂岩、粉砂岩、泥岩为主,岩石色调呈紫红色,发育斜层理、交错层理等沉积构造,反映了山麓河湖相沉积环境特征。西宁组岩性为砾岩—砂岩夹泥岩—泥岩的咸水浅湖相沉积,晚更新世风成黄土层,冲洪积砂砾石层,全新世冲洪积砂砾石层、冲积砂砾石层等。

该单元内断裂构造十分发育,以北西向为主,北东向次之,南北向断裂罕见。从断裂切割的地层以及相互截切关系来看,北西向断裂形成的时间相对较早,时代大致可推测到新元古代,早古生代是区内北西向断裂最活跃时期。古近纪以来,区内受到新构造运动的影响,这些断裂复活。北东向断裂一般规模较小,走向上延续性较差,主要沿现代河流的河谷分布,绝大多数此类断裂只能看到断层地貌,由于受全新世冲洪积物掩盖,无法观察断面特征。

实习区内主要的韧性剪切带分布于该单元之中,赋存地层单位为古元古代湟源岩群,就目前发现和填绘的韧性剪切带看,主要为左行走滑型,如刘家台韧性剪切带(R5)、国寺营—果洛畔韧性剪切带(R6)。

该单元内的褶皱构造大致可分为两类。其一,宽缓型褶皱,此类褶皱多发于长城纪和蓟县纪地层中,尤其是在碳酸盐岩地层和石英岩地层中多见,主要特征为核部宽缓,翼间角一般小于60°,核部破劈理发育,往往被断裂切穿,核部保留不全,两翼普遍被北西向的平行断裂切割,轴面平直,形态主要为单式背斜或向斜分布。其二,尖棱型褶皱,此类褶皱主要发育在湟源岩群以及湟中岩群、花石山岩群的片岩、片麻岩、千枚岩中,主要特征表现为核部狭窄,翼间角大于60°,核部劈理构造不甚发育,有些小型此类褶皱,核部形态保存较好,翼部有些规模较大的褶皱,核部往往伴有初糜棱岩、糜棱岩化岩石,宏观上褶皱轴面多具弯曲特征,形态上核部和两翼部位常常发育同期小型褶皱。

2)克素尔村中元古代浅海陆棚相带

该单元总体上呈北西向展布。单元内主要出露长城纪湟中岩群磨石沟组、青石坡组,还有蓟县纪花石山岩群克素尔组、北门峡组,其次为古元古代湟源岩群东岔沟组,局部有古近纪西宁组及沿河谷分布晚更新世—全新世冲洪积物。其中,湟源岩群与湟中岩群呈断层接触,局部呈推测角度不整合接触,与花石山岩群呈断层接触;湟中岩群与花石山岩群呈断层接触。西宁组呈角度不整合覆盖在湟源岩群、湟中岩群及花石山岩群之上。湟源岩群东岔沟组以石英片岩、二云母片岩为主,局部夹少量的斜长角闪(片)岩及透镜状大理岩,局部出现黑云斜长片麻岩。原岩以砂岩+泥岩+碳酸盐岩为主,局部夹不稳定分布的基性火山岩。沉积环境具有活动大陆边缘特征。湟中岩群磨石沟组下部为一套石英质砾岩,上部为石英岩夹少量的千枚岩。青石坡组主要为灰色千枚岩,夹粉砂质板岩。湟中岩群原岩下部为石英砂岩或长石石英砂岩夹泥质岩;上部为泥质岩或粉砂岩。花石山岩群下部克素尔组岩性以一套厚层—块层状结晶灰岩夹白云岩为主,局部夹少量的千枚岩;上部北门峡组以一套单一的厚层—块层状含燧石条带白云岩为主,夹中—薄层状白云质灰岩。从原岩分析属浅海相沉积环境。西宁组岩性为砾岩—砂岩夹泥岩—泥岩的咸水浅湖相沉积,晚更新世风成黄土层,冲洪积砂砾石层,全新世冲洪积砂砾石层、冲积砂砾石层等。

　　该单元内现今地层岩性类型主要是变质岩,夹杂少量新生代西宁组沉积岩。根据原岩分析,变质岩原岩主要是海相沉积岩,以碳酸盐岩、海相石英砂岩和泥岩为主,其中石英砂岩、泥岩变质较为明显,形成石英片岩、石英岩、千枚岩等。而碳酸盐岩中的白云岩和石灰岩皆有发育,碳酸盐岩变质程度相比于砂岩和泥岩等较小或者没有变质,现今直接能观察到原岩特征。除此之外,也观察到有少量特殊沉积体发育,如燧石条带等,可能是热液沉积形成的。

　　3)小河沟新元古代花岗岩带

　　该单元位于实习区的西北部,呈近南北向展布。单元内出露古元古代湟源岩群东岔沟组,局部有古近纪西宁组及沿河谷分布晚更新世—全新世冲洪积物,零星见到湟中岩群磨石沟组。东岔沟组以石英片岩、二云母片岩为主,局部夹少量的斜长角闪(片)岩及透镜状大理岩,局部出现黑云斜长片麻岩。原岩以砂岩+泥岩+碳酸盐岩为主,局部夹不稳定分布的基性火山岩。沉积环境具有活动大陆边缘特征。湟中岩群磨石沟组下部为一套石英质砾岩,上部为石英岩夹少量的千枚岩,原岩为石英砂岩、长石石英砂岩,沉积环境为浅海相。西宁组岩性为砾岩—砂岩夹泥岩—泥岩的咸水浅湖相沉积。

　　晋宁运动促使该单元内的原岩发生强烈的构造改造,岩石现存的片麻状构造、网结状韧性剪切带大致形成于这个时期。北东向、北西向的断裂可能形成于之后的构造运动过程中,进入新构造运动时期,这些现成断裂复活,形成了近于平行的线性现代河谷地貌。

　　4)大寺沟晚三叠世陆内盆地

　　该单元主要分布在实习区东北角的马场沟一带。西南部叠置在果洛畔古元古代基底残块之上,东南部与小河沟新元古代花岗岩带毗邻。该单元主体分布于实习区北部,区内仅出露南部一隅。出露晚三叠世阿塔寺组,超覆不整合在古元古代结晶基底之上。沉积建造主要为山麓—河流相—湖沼相沉积的含煤碎屑岩。岩性由紫红色石英砾岩,紫红色、灰绿色砂岩页岩等组成,厚40~120 m。发育斜层理、交错层理等沉积构造。

　　北东向隐伏断裂构造较发育。这些断裂主要沿现代河谷分布,断裂走向被第四系冲洪积物掩盖,只能通过地貌特征和遥感影像判断其存在,其与新构造运动有关。

　　褶皱构造为轴向呈北东—南西向的宽缓向斜。

　　5)扎子村晚白垩世上叠盆地

　　该单元出露在簸箕湾一带,东北部被申中—拦隆口上叠盆地掩盖,西部不整合于果洛畔—刘家台结晶基底之上,东南部延伸入邻区。沉积建造主要为晚白垩世民和组砾岩、砂砾岩夹砂岩及泥岩组合,属淡水滨湖相沉积。未见岩浆活动及岩脉侵入事件。

构造方面仅北西向断裂切割该地区,断裂两侧不同时代地层劈理化、碎裂岩化现象明显,断层角砾岩、断层泥发育。从宏观特征判断,该断裂属古近纪以来的复活断裂。

2.2.2 构造变形

1)韧性剪切带

区内中深部构造层次的韧性剪切带主要分布于古元古代化隆岩群和湟源岩群变质地层中,尤其是在片麻岩与片岩、大理岩、斜长角闪片岩的接触带附近以及化隆岩群、湟源岩群与晚太古代、新元古代花岗岩体的接触带上。纵观韧性剪切带的规模和方向,大部分沿北西西向展布的韧性剪切带,规模相对较大,延伸较远(一般大于 1 000 m),宽度为 200~500 m,个别可达 1 000~2 000 m。北北西向韧性剪切带数量较少,规模也相对较小。

(1)三条沟韧性剪切带。

该韧性剪切带位于研究区中部的石崖庄—三条沟之间,呈北东向展布,糜棱(剪切)面理产状在 295°~330°∠40°~50°,总体向北西方向倾斜。糜棱岩带宽约 150 m,长 5.5 km。北端没入西宁组中,南端北北西向断裂截切后,延伸不明。

韧性剪切带卷入地层为古元古代湟源岩群,糜棱片岩由韧性剪切带物质组成,另外早期酸性岩脉由于受韧性剪切作用,呈糜棱褶皱、石香肠状(图 2-1(a)(b))及不规则状卷入带内。糜棱岩褶皱(宽 5~25 cm)非常发育。从露头域看,该韧性剪切带与刘家台、国寺营为共轭关系,其形成可能与研究区受东西向挤压有关,属压性右行走滑剪切带。

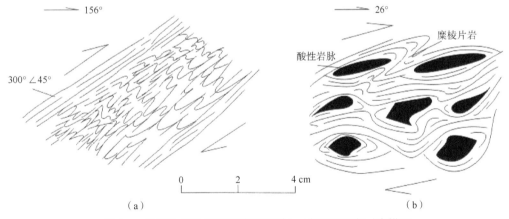

图 2-1 三条沟韧性剪切带糜棱褶皱(a)与石香肠(b)素描图

(2)刘家台韧性剪切带。

该韧性剪切带位于研究区东南部,北至泉尔湾村,南到簸箕湾,两端没入晚奥陶世花岗闪长岩中,在刘家台一带该韧性剪切带分割刘家台组和东岔沟组,剪切带长约 16 km,宽 50~150 m,总体走向为 320°。

卷入地层主要为东岔沟组。糜棱片岩、糜棱岩化千枚岩、糜棱岩化灰岩是剪切带主要岩石组成,露头范围内石香肠状、眼球状构造(图 2-2)发育。眼球部分为酸性花岗岩脉挫断、揉碎的残块,糜棱片岩、糜棱岩化千枚岩围绕其周围,在 XY 面上形成明显的网结状构造,在

XZ 面上石英、长石矿物定向拉长,线理产状为 346°∠65°,糜棱面理总体产状为 215°~230°∠45°~55°,从实地观察看,该剪切带为压性左行走滑剪切带。

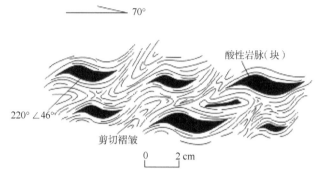

图 2-2　刘家台组韧性剪切带中的变形素描图

（3）国寺营—果洛畔韧性剪切带。

该剪切带断续分布于研究区东北部的国寺营—果洛畔一带,长约 30.5 km,宽 100~500 m,总体呈北西—南东向分布。

卷入地层主要为古元古代湟源岩群东岔沟组,带内岩石主要为糜棱片岩、糜棱岩化黑云斜长片麻岩、石英质糜棱岩、糜棱岩化千枚岩、片理化石英岩等,在国米滩西北部剪切带穿切新元古代片麻状花岗闪长岩,带内出现花岗质糜棱岩。

带内糜棱褶皱、石英碎斑（眼球）发育,在花岗质糜棱岩及糜棱岩化黑云斜长片麻岩中 XY 面多见网结状构造及顺层掩卧褶皱,XZ 面石英、长石矿物定向拉长（图 2-3(a)(b)）,糜棱线理产状为 298°∠62°,320°∠58°,面理产状变化较大,绝大多数北倾,产状在 15°~55°∠45°~70° 之间变换。野外露头构造变形形态反映出剪切带运动方向为左行斜冲型。

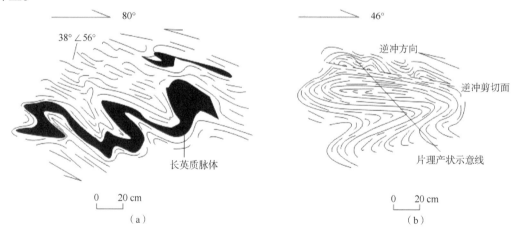

图 2-3　国寺营—果洛畔韧性剪切带中 XY 面的脉皱(a)与 XZ 面顺层掩卧褶皱(b)素描图

2）断裂构造

实习区内断裂构造十分发育,多密集成束分布。按性质分为逆断层、平移断层和性质不明断层;按方向有北西向、北东向两组,前者为主构造,后者属配套组分,系晚期递进变形产物;按规模分有深断裂、区域性大断裂和一般断裂,深断裂(带)控制了构造和地层区划,在性质上除脆性变形以外,往往伴有韧性变形特征,而且对岩带(或岩区)和矿带划分也起到重要控制作用,又是地球物理场界面和地震多发带。图面展现的断裂多数是显生宙以来,特别是中生代以来的构造活动形迹,它们大多具有长期的发育历史,既有继承复活性,又有改造新生性。

(1)北西向断裂。

北西向断裂是研究区主构造线断裂,呈平行或近于平行状分布,走向展布规模相对较大,断层破碎带较宽,沿主断面往往发育次级断裂,因此具有带状(束状)分布特征,沿走向被北东向断裂截切。断层性相对单一,以逆断层为主。按照北西向断裂的地质意义,可分为主要断裂和一般断裂。主要断裂是指具有分界意义的断裂,主要发生在不同时代地质体之间,往往具有一定控岩特征;一般断裂是指不具有分界意义的断裂,主要发生在地层的层间或岩体内部,不具有控岩特征。

北西向断裂主要有刘家台北部断裂、刘家台断裂、三条沟西断裂、三条沟东断裂、三条沟北断裂等。

①刘家台北部断裂:呈北西—南东向展布,长 5.8 km,破碎带宽 1~5 m。断裂展布于 M5 背斜构造的东北翼,切割、分割刘家台组的下部碎屑岩段和上部碳酸盐岩段。北西段被全新世冲洪积物覆盖,南东段切割了新元古代花岗岩后被古近纪西宁组掩盖而去向不明。宏观上,断裂走向明显,线性负地形及马鞍状地貌发育。断层角砾岩、灰色断层泥明显,局部灰岩块体挤入灰色泥岩之中,并伴有褐铁矿化蚀变。断层性质不明,两侧岩石均发育劈理构造。

②刘家台断裂:呈北西—南东向展布,长 6 km,破碎带宽 15~50 m。断裂展布于 M5 背斜构造的西南翼,切割、分割刘家台组的下部碎屑岩段和上部碳酸盐岩段。北西段没入晚更新世风积物之中,南东段被古近纪西宁组掩盖而去向不明。可视域,断裂走向明显,线性负地形明显。断层角砾岩、断层泥发育,断层性质不明。

③三条沟西断裂:呈北北西—南东向展布,长 11.8 km,破碎带宽 2~15 m。断面产状为 192°~234°∠48°~56°。断裂北西段主要切割古元古代东岔沟组、长城纪磨石沟组、蓟县纪克素尔组等地层及晚奥陶世花岗岩,并与拉脊山构造混杂带北缘断裂相交。中段由于覆盖较大形迹表征不明显。东南段切割、分割蓟县纪克素尔组和长城纪青石坡组地层,并与三条沟东断裂相交。中段上覆地层覆盖严重,断裂形迹不明显。露头域断层角砾岩、断层泥多见,旁侧地层发育密集的破劈理及牵引褶曲及断层擦痕,局部有断层泉涌出。断层性质为逆断层。

④三条沟东断裂:呈北西—南东向展布,长 3.4 km,破碎带宽 2~5 m。断面产状为 215°∠54°。切割、分割长城纪磨石沟组、青石坡组和蓟县纪克素尔组地层。西段与三条沟西断裂相交,东段沿入邻图。地貌上线性负地形发育,河流直角拐弯明显,ETM(增强型专题制图仪)图片反映线性特征清楚。观测点收集的资料主要反映断层角砾岩、断层泥多见,两侧岩层产状零乱、网格状次生节理发育,局部断层上盘发育小型牵引褶曲及劈理构造。断层性质为逆断层。

⑤三条沟北断裂:呈北西—南东向展布,长 4.2 km,破碎带宽 5~150 m。断面产状为 215°∠58°。切割、分割古元古代东岔沟组和长城纪磨石沟组地层。西段被古近纪西宁组

掩盖,东段沿出图外。宏观上对头沟、马鞍状地貌发育。沿断裂走向岩石破碎发育宽30~60 cm 的断层角砾岩及宽 30~50 cm 的断层泥,在北侧古元古代东岔沟组地层中局部见有剧烈的挠曲形成。断层性质为脆性逆断层。

(2)北东向断裂。

实习区内北东向断裂发育较少,原因可能是第四系沉积物掩盖,其断层特征难于收集和确认。

(3)北西向、北东向断裂的切割关系。

从遥感影像解译图(图 2-4)可以看出,北东向断层多错断北西向断层,局部形成共轭断裂,断层沿走向延伸较短、规模较小,从性质上看以左行平移断层为主。北西向断裂一般规模较大、延伸相对较远,呈平行束状或带状展布。

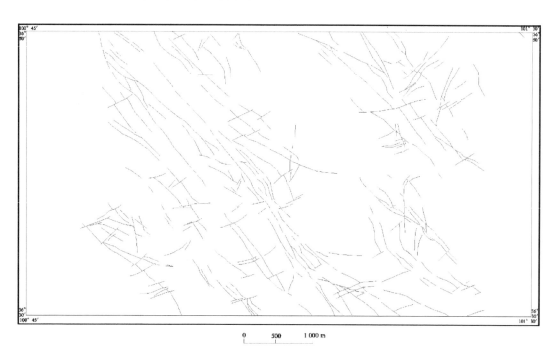

0   500   1 000 m

图 2-4 湟源地区线性构造分布图(据遥感影像解译图修编)

3)褶皱构造

实习区内褶皱构造发育,从中深层次的塑性流变褶皱、浅层次各种不对称剪切褶皱,到浅—表构造层次的紧闭线性褶皱、宽缓褶皱均有发育,不同时期、不同构造体制及不同动力学环境下形成的褶皱构造形态各异、类型众多,且各具特点。古元古代湟源岩群经历了较强的横向构造置换,透入性面理亦较发育,但其上下层位关系亦较明显,并可以划分出刘家台组和东岔沟组两个组级岩石地层单位,因此应属层状有序地层类型。可以识别的褶皱构造主要也有如下两种。

(1)小型多轴面褶皱。

此类褶皱主要发育于露头尺度或标本尺度上,褶皱规模较小,但数量相对较多,一般宽几厘米至几十厘米,有若干个近于平行或斜交的轴面,形态极不规则。此类褶皱多系大型褶皱的从属褶皱,发育于大型褶皱中能干性较弱的岩层内,是大型褶皱发育过程中为调节相间能干性较强的岩层相对运动产生的。由于构造变形较为强烈,随着变形强度的增加,褶皱的轴面往往会进一步错动,形成平行排列的片理。根据褶皱发育的层位并结合更大规模褶皱、断裂的特征判断,该类构造形迹形成的时代大约在吕梁早期。

（2）大型褶皱。

此类褶皱是以 S1 片理或 Sn 面理为主变形面形成的褶皱,规模较大,区域上轴面延伸长数百米至数千米,宽几百米,转折端较为圆滑(图 2-5),轴面近于直立,因此可称背形、向形。区内此类构造主要有刘家台复式背形。由一系列背、向形组成,主轴面出露于研究区刘家台地区,呈北西向展布。

图 2-5　刘家台村北部背形转折端照片

核部出露刘家台组下部碳质千枚岩、片岩,翼部依次出现刘家台组大理岩、东岔沟组片岩。北西翼被新元古代花岗闪长岩侵蚀、破坏和新生代地层掩盖,并发育北西向逆冲断裂构造,出露不全;南东翼相对完整,在小西岔、黄卡分别出现向背形构造,再向东南方向被长城纪湟中岩群磨石沟组石英岩角度不整合或断层掩盖。在刘家台一带背斜的南西翼部储存铁、石墨等矿产。

背形出露宽约 8.5 km,长约 14 km,西北部被新生代地层掩盖,东南部被白垩纪民和组地层掩盖。在刘家台一带测制的背形产状主要有:北东翼 335°~345°∠30°~45°;西南翼 215°~230°∠32°~45°;轴面走向 250°~300°,角度近于直立,转折端以圆滑为主,轴脊线波状弯曲。在小西岔一带测制的主要产状:北翼 196°∠55°;南翼 20°∠45°;轴面产状 192°∠60°,转折端圆滑。在黄卡地区测制的产状:南翼 186°~205°∠32°~45°;北翼 18°∠50°;轴面 194°∠50°。从以上产状来看,该复式背形轴脊线向北西方向呈帚状散发,东南方向收敛。

（3）湟中岩群、花石山岩群中的褶皱。

实习区内的湟中岩群(磨石沟组、青石坡组)和花石山岩群(克素尔组、北门峡组)的褶皱形态以宽缓的区域性大褶皱为主,露头域和标本尺度上几乎没有发现紧闭型小褶皱。此类褶皱是以 So 面理为主变形面形成的,因此可称为背斜或向斜。

①大东岔向斜分布于实习区南边的大东岔沟两侧,轴线作北西向延伸,西起白水河中上游,西段被断裂切割,残缺不全;向东延至大东岔沟后出图。可见长度约 6 km。核部出露北门峡组;北翼依次出露克素尔组、青石坡组和磨石沟组,倾角为 30°~75°;南翼因断层破坏,仅出露克素尔组,倾角为 67°~89°,局部发生倒转。轴脊线呈波状起伏,总体向北西倾伏,东端在青石坡扬起而封闭,部分地段轴面略南倾,褶曲幅度约 4 km。

②阳坡湾向斜位于阳坡湾—巴燕吉盖一带,由磨石沟组组成。北翼不整合于湟源岩群东岔沟组之上,南翼除被新生代地层覆盖外,还受断裂破坏,构造形态不完整。主轴线方向呈北西西向延伸。两翼基本对称,代表性倾角为 68°,东端具有扬起圈闭之势。

（4）晚三叠世地层中的褶皱。

实习区内晚三叠世地层主要有阿塔寺组和尕勒得寺组,尽出露于研究区东北角的大寺沟一带,组成一个向斜构造,向斜轴部及北翼均在图外,褶皱轴面大致近东西向展布。图内只有南翼部分,产状为 15°∠27°,下部为阿塔寺组粗碎屑岩建造,上部为尕勒得寺组细碎屑岩建造,二者呈整合接触。

（5）白垩纪地层中的褶皱(M8、M9、M10)。

白垩纪在实习区内分布十分零星,褶皱构造不发育,区内仅在日月藏族乡见一处复式向斜构造,由早白垩世河口组组成。其中 M8 为向斜构造,M9 为背斜构造,M10 为向斜构造,轴面近于平行,呈北西向展布。中南部向斜保留相对完好,而北部褶皱构造由于受北西向断裂破坏,仅保留局部形态。北翼产状为 225°∠35°;南翼产状为 55°∠30°;中间产状较为零乱。轴面产状近于直立,转折端宽缓,发育楔状张节理,节理内无充填,翼间角大于 60°,北翼沿河谷方向存在北西向断层。

4)区域性面理、劈理、节理

（1）区域性面理。

古元古代湟源岩群变质岩系中,劈理均具透入性。以流劈理为主,存在两期变形。早期劈理由片麻岩、片岩等片麻理、片理构成,即由岩石中片状、粒状等矿物颗粒或集合体的平行排列组成。沿此面矿物颗粒被压扁拉长发生塑性流变。晚期劈理伴随褶皱形成,糜棱岩、糜棱岩化岩石的面理应是该期产物。两者局部呈折劈理形式出现。一般晚期与早期流劈理产状基本一致,矿物沿此面理被压扁拉长,常发生碾碎,并产生动力重结晶作用,剪切旋转,组成 S-C 型组构。湟中岩群、花石山岩群中的劈理形式较单一,由绿泥石等片状矿物定向排列组成的顺层片理较发育。

（2）区域性劈理。

六道沟组内部形成的劈理均属非透入性劈理,分布一般与断裂带及韧性剪切带有关,局限在较窄的范围内,为劈理或滑劈理类型。劈理的发育程度受岩性影响很大。砂板岩中劈理发育,平行层理。火山岩中劈理发育程度明显低于板岩,显层间劈理特征。此外,岩层厚度对劈理也具有较明显的影响,厚度较大的板岩的劈理的发育程度明显低于砂岩所夹的薄层板岩。

（3）区域性节理。

作为后期叠加变形构造之一的节理构造,也是实习区主要的变形形式,在岩体内十分发育。

据多点统计与观察,它们的形成主要与局部应力有关,受附近断裂活动方式影响最大。分别统计在牙麻岔和玉石湾一带的新元古代二长花岗岩、晚奥陶世二长花岗岩体内发育的节理,发现北西—南东向和北东—南西向两组节理出现频率最大。其中,牙麻岔新元古代二长花岗岩节理密度为 13 条/m²,节理面平直,两壁紧闭,延伸较远,属剪切节理类型;玉石湾晚奥陶世二长花岗岩节理密度分别为 11 条/m²、14 条/m²、22 条/m²。北西—南东向节理明显交切北东—南西向节理,沿节理面发育擦痕及不甚明显的磨光镜面。

5）新构造运动类型及特征

（1）夷平面。

前人研究成果表明,青藏高原上存在两级夷平面(李吉均等,1979)。实习区地处青藏高原东北缘,剥蚀地层、相关沉积等,同样比较清楚地存在地貌侵蚀旋回的终极地形——夷平面有两级。两级夷平面均形成于新构造运动之前,但受新构造运动影响,其发生解体和抬升,因此两级夷平面的变形和变位仍然可以作为新构造运动的证据之一。

①一级夷平面:又称山顶面,海拔高度一般在 4 500 m 以上,主要残留于各大山脉的顶部,保存面积较少,其中以日月山最为清楚,多呈截顶平台状,往往成为第四纪冰川发育的地形依托,在其边缘冰蚀地貌(古冰斗、刃脊、冰川槽谷)发育,由于受冰川和冰缘作用的改造,原有的风化壳荡然无存,仅覆盖有寒冻风化岩屑(块)。结合区域资料分析,该级夷平面切割的最新地层为渐新世沉积,因此推测形成于渐新世至中新世早期,中新世中期以来抬升受切。渐新世—中新世沉积记录反映夷平面形成时为干旱的副热带气候,发育起来的夷平面当然属山麓剥蚀平原性质的夷平面。该级夷平面是高原于始新世末第一次隆升至 2 000 m 左右后,经渐新世至中新世早期构造稳定期发生山麓剥蚀平原化形成的,推测形成时的高度在 500 m 以下,而现今却被抬升至 4 500 m 以上,可见新构造运动以来高原隆升的幅度是相当大的。

②二级夷平面:又称主夷平面,海拔高度一般为 3 200~3 600 m,是分布较广、保存面积较大的夷平面。它普遍出现在西宁盆地的盆地面之上。区内以大高陵及湟水河两岸等地最为清楚。组成地貌为高海拔剥蚀台地、低缓平顶山及丘陵。据区域资料推断,主夷平面发育于中新世中期至上新世中期构造稳定期,并与青藏高原南缘平原性质的夷平面联合,形成一个广布青藏高原的主夷平面,该夷平面受 3.4 Ma 以来新构造运动的影响,解体为 3 200 m 和 3 600 m 两个高度,抬升幅度为 2 200~2 600 m,表明新构造运动导致的上升幅度之大、速率之快。上升仍具有差异性,致使该级夷平面虽有波状起伏,但总体上向东倾斜。

（2）峡谷及第四系分水岭。

①峡谷:湟水河上游巴燕峡是湟水东流的第一个峡谷,谷壁陡立为"U"形峡,谷底巨石密布,水流湍急;湟源县城以东的湟源东峡是湟水东流的第二个峡谷地带,河谷狭窄,谷坡陡峭,且谷底残留有低级阶地。

②第四系分水岭:在第四纪因地壳的差异性抬升,河流溯源侵蚀形成的由第四系构成的分水岭,亦被确定为新构造上升运动的有力证据之一,但目前多数文献尚未涉及这一现象。此类分水岭发育于倒淌河蒙古村一带,成为一个呈北北东向的倒淌河与黄河之间的分水岭,由晚更新世冲洪积砂砾层组成,两侧主要水系与北西向区域构造线方向一致,顶部拔河高度194 m。与共和盆地西端抬升幅度大于东端抬升幅度相对应,而此处可能受被物探资料所证实的近南北向基底断裂所控制,分水岭东侧抬升幅度大于西侧,迫使倒淌河反向流入青海湖,使外泄的青海湖转变为封闭的内陆湖泊。

6)河流阶地

河流阶地是区内流水地貌的主要表现形式之一。除湟水两岸阶地较发育外,其他各次级水系也有零星发育。

区域上湟水阶地最高达六级,区内在湟源东峡一带发现最高阶地为四级(图2-6),为基座式阶地,具二元结构特征。阶地要素矢量特征反映:T1、T2、T3阶差小、阶面窄,T4阶差大、阶面宽(由于横穿阶地的现代冲沟破坏,阶地保留不全)。

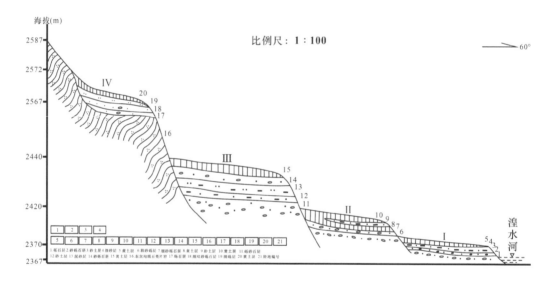

图 2-6　湟源县东峡第四系阶地剖面素描图

于庆文等对西宁大阴山湟水阶地进行了较深入的研究,利用热释光(TL)法和放射性碳(^{14}C)法获得了一套年代学数据,得出最高阶地 T6 形成于 1.25 Ma,T5~T1 依次为 0.78 Ma、0.54 Ma、0.17 Ma、0.12 Ma、0.07~0.06 Ma。在此基础上,结合区域地质资料,认为 T1、T2 及河漫滩为全新世堆积物,T3 以上各级阶地为晚更新世堆积。这表明研究区在达 4 次的构造抬升事件中,晚更新世河谷两侧山地抬升幅度大,间歇时间长;全新世以来河谷两侧山地抬升幅度小,间歇时间短,有变缓之势。

7)单面山

单面山属构造剥蚀地形,是受白垩纪岩层产状控制,并伴随着侵蚀构造地形的强烈上升而形成的单斜山岭。其分布于湟源大茶石浪一带(日月山东端北坡),由白垩纪砂砾岩及泥质岩构成,单斜山岭大致向北西方向倾斜(图 2-7),受较强烈的侵蚀切割,其山脊面较狭窄,沟谷亦呈"V"形谷,但到上游变得开阔;谷底稍宽,其坡降较缓。河谷入主干河流时变得狭窄,甚至形成小峡谷,这一现象说明地表发育的新老交替过程。

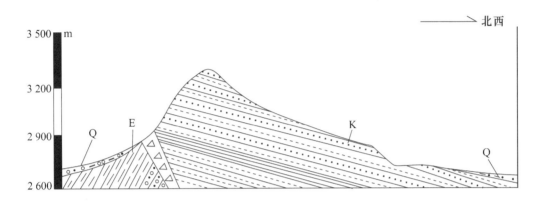

图 2-7 湟源地质填图实习区民和组单面山素描图

第 3 章　地质填图实习方法

本章为填图实习规范性和引导性内容,主要参考借鉴了中国地质调查局组编的《野外地质工作实用手册》(2013 年版)、辽宁省第十地质大队编写的《固体矿产勘查工作程序及方法》(2013 年版)、青海核工业地质调查院编写的《固体矿产勘查采样细则》(2015 年版)等地勘行业细则和手持 GPS 应用方面的最新成果。

3.1　地质填图实习准备

3.1.1　资料准备

主要应收集实习区交通位置、风土人情、地形地貌、气象水文、地层、构造、矿产、工程以及符合精度要求与工作比例尺相对应的地形图等,并对上述资料进行认真分析研究、综合利用,在此基础上制订地质填图实习计划。

3.1.2　地质踏勘

依据实习区的地质矿产研究程度和存在的主要问题有目的地对其外围进行初步踏勘调查,以了解实习区的地层、岩石基本特征和主要构造轮廓。

地质填图实习开始前,应组织主要地质人员踏勘 1~2 条路线,路线布置以穿越法为主,尽可能通过主要地层、构造、岩体和矿产地。踏勘结束后应进行认真讨论,做好路线小结,基本上做到统一分层、统一野外岩石定名、统一填图方法和要求、统一图式图例等。

3.1.3　实测地质剖面测量

正式填图前,一般需测制 1~3 条完整的地质剖面,在地质条件复杂区实测 2~4 条。目的在于查明实习区地层层序、厚度、接角关系、岩性变化、沉积韵律、化石、矿产、标志层、侵入体和时代等,根据实测剖面结果,编制代表实习区地层特点的综合地层柱状图,确定填图单元,以作为实习区统一分层对比的依据。

1)剖面选择和布置原则

(1)在分析前人资料、详细踏勘和全面了解实习区内岩石地层分布、构造格架和构造形态发育情况的基础上选择剖面。地质剖面应布置在实习区内岩层及岩相出露较完整、基岩露头好、标志层发育、构造变动较小的地段。总之,所选择的剖面位置的地质特征在全区应具有代表性,在具体地质矿产勘查工作中应尽量选择在异常浓集区。

(2)剖面的布置应基本垂直区域地层或构造线走向和异常长轴方向。在地质情况复杂的地段,剖面总方向和地层走向夹角应不小于 60°。若遇地形复杂、通行条件差的情况,沿岩层走向可左右平移剖面实测位置,平移时注意岩层层位衔接。

（3）剖面起点的选择及在图上的摆布方法。

①北西向（271°~359°）—南东向（91°~179°）剖面以北西端作为起点测制,起点置于图左方,南东端置于图右方。

②北东向（1°~89°）—南西向（181°~269°）剖面以南西端作为起点测制,起点置于图左方,北东端置于图右方。

③东西向（90°~270°）剖面以西端作为起点并置于图左方,东端置于图右方。

④南北向（0°~180°）剖面以南端作为起点并置于图左方,北端置于图右方。

（4）图切剖面在图中的摆布方法同上,图切剖面比例尺与地质图比例尺应相同。

2）剖面测制及精度要求

（1）剖面比例尺应根据剖面性质及研究目的等具体情况而定:地质剖面的比例尺一般采用1:500~1:2 000,本次实习采用的比例尺为1:2 000。

（2）首先用 GPS（有条件时采用经纬仪）将剖面线起点准确标定于地形图或航空照片上,然后开始用导线法进行剖面测量。地形剖面和地质测绘应同时进行,按导线顺序详细观察,正确划分层位界线。分层精度要求:原则上相应比例尺图面为 1 mm 的地质体应予分出,但标志层、矿层等有特殊意义的地质体,虽图面不足 1 mm,但也应分出并放大表示。

（3）按剖面测制记录表逐项填好各项测量数据,用剖面地质记录本逐层进行地质观察描述。剖面地质记录本与剖面登记表中的相关文字记录应一致。为了便于成图,应同时绘制信手剖面,对导线范围内一些局部的地形变化予以反映;一些特殊的地质现象应在记录本中绘制大比例尺素描图。

（4）逐层采集岩矿石标本、光薄片样品、化石标本。标本样品按统一图例标注于剖面图及登记表中。剖面起止点应反复交会检查。

（5）计算剖面导线平距及测点高程等数据;剖面地层厚度计算采用万能公式。

$$D = L(\sin \alpha \cos \beta \sin \gamma \pm \cos \alpha \sin \beta)$$

式中　D——岩层真厚度;

　　　L——斜距;

　　　α——真倾角;

　　　β——坡角;

　　　γ——剖面方向与岩层倾向的夹角。

当地形坡向与岩层倾向相反时用"+",当地形坡向与岩层倾向相同时用"-"。

3）地质剖面图的绘制

实测剖面图的成图方法一般采用投影法,当剖面导线方位较稳定（即导线方位与总方位基本一致）时也可采用展开法作图。投影法作图方法如下。

（1）野外绘制剖面手图:在图纸适当的位置上选定剖面的起点 0,以通过 0 的水平线作为剖面总方位。从 0 点开始,根据导线测量长度及方位绘制导线平面图;以导线总方向为基准,根据各导线方向与导线总方向的夹角采用二次投影到总方位基准线上,在导线上方按其投影所得高差确定剖面地形线上的高差（h）,然后应根据实际地形细节,将其勾绘成真实曲线（图3-1）。

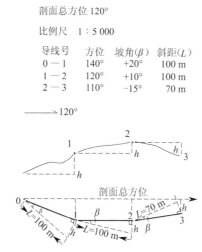

剖面总方位120°

比例尺　1∶5 000

导线号	方位	坡角(β)	斜距(L)
0 — 1	140°	+20°	100 m
1 — 2	120°	+10°	100 m
2 — 3	110°	-15°	70 m

注

1. 产状、地质界线、岩石薄片、采样等位置投影方法同。

2. 平面图上地质体界线按产状（走向）结合 V 字形法则勾绘。

3. 平面图中虚线只在野外手图中作辅助线，室内整理清图时依据计算所得的水平距和高差直接投影，只保留导线，舍去虚线。

图3-1　二次投影作图步骤示例

（2）室内整理清图时根据所计算出的导线水平距和高差用垂直投影法依次取得各导线的投影，将各导线点的投影结合手图地形连成圆滑的曲线即得地形剖面线。成图之前利用导线水平长度加权的方法计算出剖面实际总方位。

（3）按地质分层在平面图上绘制导线地质平面图并标上各种地质要素（地质平面图以导线为轴线宽度 2 cm）；将各导线上的地质要素二次投影到水平基准线上，再垂直投影到地形剖面上。绘制地质剖面图填绘岩性花纹时，用计算出的视倾角按规定的花纹、图例逐层填绘，当地层走向与剖面方向垂直时，则用真倾角填绘，花纹应该根据层厚按有关规范表示，花纹的宽度要适中，一般为 3 mm。

（4）剖面图上花纹线段的长度应统一，一般群以上的地层间界线长 2 cm，岩组间界线长 1.5 cm，花纹线长 1 cm。

（5）产状垂直标注在产状测量点上的相应位置，垂线长 2 cm，产状标注线长 0.8 cm，上为倾向，下为倾角，右上角标"°"。

4）实测剖面图的格式和其他要求

（1）剖面图垂直比例尺为剖面起点的实地标高。

（2）根据图面大小确定剖面图、导线平面图、水平标尺之间的距离，以图面结构合理协调为原则。

（3）图例规格统一采用 12 mm×8 mm，图签的选择视图的大小而定，置于图幅右下角，一般采用 9 cm×6 cm。

5. 地质剖面的研究

剖面测制完成后要对剖面资料进行详细的野外研究，研究的重点是划分地质填图单元，统一工作人员对工作区地质特征的认识，为地质填图工作做好准备。具体内容包括：

（1）正确划分填图单位，利用岩石地层学划分岩组或岩性，建立地层层序（包括火山岩）；

（2）对岩浆岩类侵入岩在总结岩性、组构、岩浆演化特征以及接触关系、岩相标志的基础上划分岩石谱系单位；

（3）对变质岩划分变质相带；

（4）初步确定含矿层位、控矿构造因素、岩浆岩成矿专属性等；

（5）在上述研究工作的基础上形成剖面工作小结。

3.2　标记地质观察点位置

3.2.1　地质观察点的位置

地质观察点简称为地质点,应着重选择有地质界线、矿体、矿化点、蚀变岩石露头、断层、褶皱、水文地质、地貌等重要地质现象的地点。地质观察点的布置和密度,以能控制各种地质界线和地质体、满足地质勘查的目的和要求为原则,一般取决于地质勘查的比例尺、地质复杂程度和覆盖程度等。地质观察点之间也要进行地质现象的观察和记录。

3.2.2　地质观察点的种类

地质观察点分为界线点、岩性控制(内部)点两类。

界线点是为控制地质界线和基本构造形态布置的地质观察点。界线点应布置在填图单元的地质界线、含矿层或矿体界线、岩体界线、断层面积褶皱轴等位置上。

岩性控制(内部)点是为了控制和了解地质界线之间岩层产状变化和岩性特征、满足地质观察点密度和数量要求而布置的观察点。

3.2.3　地质观察点的标记

1)现场标注点位

将写有地质观察点编号的木桩(竹桩)打入地质观察点处的基岩裂缝中,或者用红油漆在基岩上画"⊙"以示点位,并在"⊙"旁边写上地质观察点的点号。对于需要仪器定测的地质观察点,应在地质观察点附近挂上小红布条,以方便找点。

2)测量坐标

所有地质观察点都应用手持 GPS,结合地形图定位,将点位标注在手图上,用直径 2 mm 的"⊙"和"○"分别表示实测和推测的地质观察点,并标注点号。

对精度要求很高的重要地质观察点,须用经纬仪进行精确定位。一般的做法是填图人员在现场经观察确定地质观察点的坐标后,将这类地质观察点及坐标通知矿区专业测量人员进行精确测量定位。

3.3　观察记录和采样工作介绍

3.3.1　地质矿产勘查填图观察记录

1)观察内容

（1）观测点上观察的内容。

由于野外的地质现象错综复杂,所以观测点性质各不相同。原则上某一点测量到的数据、要素和观察到的地质现象都要记录在地质观察点卡片上。根据观测的对象不同,观察的内容也不尽相同。一般来说,基本观测点的观察和记录应该包括以下内容。

①观测路线及起讫点(仅起始点记录)。

②观察点的点号、位置。

③观察点的性质(界线点/岩性控制点)。

④露头情况,包括露头的特点、风化情况、地貌特征。

⑤地质描述,突出描述每个地质点的重点,主要内容有岩石名称、特征(颜色、风化特征、结构、构造、矿物成分),古生物及遗迹化石,蚀变及矿化现象,岩脉及穿插关系,地质构造(褶皱、断裂、破碎带等)的产状、性质、接触关系,水文地质,特殊地貌,等等。

⑥构造特点,包括褶皱、节理、断层及观测点所处的构造部位、所在岩性及其产状等。

对于褶皱,应观测描述褶皱要素及其特征。对于节理,应观测描述节理的产状、延伸情况、密度、特征(如节理面是否平直,粗糙还是光滑,张开还是紧闭,有无擦痕,擦痕的方向及其特点等),节理相互切割的情况及组合特征,节理充填物的成分及特点,等等。对于断层,应观察描述断层存在的依据和特征,如地层的重复和缺失、构造中岩石的破碎程度、断层面或断层带的特征、断层构造岩特征、断层旁侧的派生构造情况以及断层的组合特点和地貌特征等,还应测量断层面的产状,判断断层两盘相对位移的方向、断距或落差,最后确定断层的类型以及和其他构造的可能关系、形成时代等。

⑦对于岩浆岩,应对岩浆岩的岩性、产状、与围岩的关系、形成时代等进行观察记录。

⑧对于煤层和其他沉积矿床,应查明矿层名称、含矿情况、矿层顶底板岩性特征、矿层层数以及矿层(体)的规模、产状、形态、厚度、结构、延伸及变化等。

⑨对于岩矿标本、样品记录,要在记录本和手图上记录和标注位置和编号。采集岩矿、标本和化学样品并编号。矿区已有实测地质剖面采集的统一标本时,沉积岩区一般标本可以不采,但岩性复杂的火山岩、变质岩区必须采集标本。

⑩对重要地质现象进行野外素描或摄影。

⑪观测日期、观测人。

(2)观测线上观察的内容。

路线地质:记录两点间先后观察到的地质现象(前进记录法)。要点:要有连续性,要有准确位置,记录地质现象的主要性质和特征。测量产状,并注意产状变化的规律。必要时作路线剖面(平面)图及照相。

为了保证观察的连续性和系统性,除对观测点进行详细观察描述外,在点与点之间还要沿观测线进行连续的系统观察,并在后一观测点记录的前面,将前一点至本点的观察内容记录下来,但观察描述的内容可以适当简略,主要是注意观察岩性和岩性组合特征、产状及其变化规律。只有通过这种点、线结合的系统观察和描述,才能对地质现象有比较全面和深入的了解和整体性认识。同时,应及时勾绘路线信手剖面图,特别是在构造比较复杂和采用路线穿越法的情况下更有意义。

2)记录格式

地质填图原始记录格式要做到统一,具体格式如下。

　　路线号:(组号—线号)

　　时　　间:　　　　　　　地　　点:

　　路线目的:

　　人员分工:

　　点　　号:(如:D001)

　　露　　头:(天然良好/一般/差)

　　点　　位:$X=$　　　　m;$Y=$　　　　m;$H=$　　　m

　　点　　性:界线点/岩性控制点

　　描　　述:内容包括岩性、地(岩)层或岩体产状、地质构造特征、矿化及矿产特征、目测矿石品位、围岩蚀变特征、地质界面产状、标本及样品编号,以及主要的素描图、路线信手剖面图和照片。岩性分界点应对观察点两侧的岩性特点分别进行描述。

　　点间地质:要求观察和记录连续,自本点至下点之间不同的岩性分层要有方向、米距,如自本点向北,×× 米为 ××× 岩。每条路线结束后,应有简明扼要的路线小结。

3)信手地质剖面图绘制

　　绘制信手地质剖面图是地质工作者的一项重要基本功,必须掌握。在横穿构造线走向进行综合地质观察时,应绘制信手地质剖面图,它表示横穿构造线方向上地质构造在地表以下的情况,这是一种综合性的图件,既要表示出地层,又要表示出构造,还要表示火成岩和其他地质现象以及地形起伏、地物名称和其他需要表示的综合性内容。

　　信手地质剖面图中的地形起伏轮廓是目估的,但要基本上反映实际情况;各种地质体之间的相对距离也是目测的,应基本正确;各地质体的产状则是实测的,绘图时应力求准确。图上内容应包括图名、剖面方向、比例尺、地形的轮廓、地层的层序、位置、代号、产状、岩体符号、岩体出露位置、岩性和代号、断层位置、性质、地物名称等。

　　具体绘图步骤如下。

　　①估计路线总长度,选择作图的比例尺,使剖面图的长度尽量控制在记录簿的长度以内,当然如果路线长,地质内容复杂,剖面可以绘得长一些。

　　②绘制地形剖面图,目估水平距离和地形转折点的高差,准确判断山坡坡度、山体大小,初学者易犯的错误是将山坡画陡了。一般山坡不超过 30°,更陡的山坡人是难以顺利通过的。

　　③在地形剖面的相应点上按实测的层面和断层面产状,画出各地层分界面及断层面的位置、倾向及倾角,在相应的部位画出岩体的位置和形态。相应层用线条连接,以反映褶皱的存在和横剖面的特征。

　　④标注地层、岩体的岩性花纹、断层的动向、地层和岩体的代号、化石产地、取样位置等。

　　⑤写出图名、比例尺、剖面方向、地物名称、绘制图例符号及其说明,如为习惯用的图例,可以省略。

　　绘制信手地质剖面图需要注意以下几点。

　　①地形剖面图要画准确。

　　②标志层和重要地质界线的位置要画准确,如断层位置、煤系地层位置、火成岩体位置等。

③岩层产状要画准确,尤其是倾向不能画反,倾角大小要符合实际情况。此外,线条花纹要细致、均匀、美观,字体要工整,各项注记的布局要合理。

3.3.2　采样工作简介

1)岩石标本采样

(1)采样目的。

①观察研究岩石结构、构造、矿物成分及其共生组合,研究矿物的变质、蚀变现象,确定岩石、矿物的名称,对比地层和岩石。

②配合其他样品的采样及分析。

(2)采样原则和要求。

①所采集的样品应有充分的代表性。采集标本时要尽量采集新鲜的岩石,并做好野外地质观察、描述工作。

②以能反映实际情况和满足切制薄片及手标本观察的需要为原则,一般为 3 cm×6 cm×9 cm。

③采集到的岩矿标本应在原始记录上注明采样位置和编号,对所采样品一般要用白漆在标本的左上角涂一小长方形,待干后写上编号,然后用麻纸包好,统一保管。

2)岩石薄片样

(1)主要用途。

①测定造岩矿物的种类及含量,对岩石进行定名、分类。

②测定透明矿物的晶形、粒度、构造、光性等特征,研究矿物的形成环境,并为岩石对比提供信息。

③鉴定岩石的结构(包括粒度)、构造特点,研究岩石的成因及形成史。

④测定矿物包裹体,了解岩石的形成条件。

⑤鉴定岩石的后期蚀变、交代及矿化,为找矿提供资料。

⑥划定化石的种属、特征,研究地层的时代及古生态环境。

⑦进行岩组分析,研究岩体、岩层的构造。

⑧鉴定岩石的微裂缝及孔隙度,为找油气提供资料。

(2)采样、制样要求。

①样品大小一般 5 cm×5 cm×5 cm,粗粒岩石含量测量样品要加大至 10 cm×10 cm× 5 cm。

②进行岩组分析及区域构造研究的样品要定向,在样品的层理、片理、线理及节理面上标注产状。

③松散样品应用棉花及小硬盒包装保护,磨片前用稀释的环氧树脂浸泡固结。

④化石薄片样应在标本上圈出化石的位置及切片的位置。

⑤所采样品一般要用白漆在薄片标本的左上角涂一小长方形,待干后写上编号,与此同时要填写标签,然后用麻纸包好,并进行登记。(以下样品同)

⑥必要时送样要附采样地质图或剖面图,写明采样位置。

⑦一般薄片大小为 2.4 cm×2.4 cm,粗粒岩石含量测量要磨大薄片(5 cm×5 cm);岩组

分析薄片要注明切面方向。

⑧一般薄片厚度为 0.03 mm;化石鉴定薄片厚度为 0.04 mm 左右;包体测温薄片厚度为 0.1~0.7 mm。

3)矿区岩矿石标本样

(1)采样目的。

①采集岩矿观察标本及鉴定样品是为了研究岩矿石结构、构造、矿物成分及其共生组合,研究岩矿石矿物的变质、蚀变现象,确定岩矿石名称,为研究矿床提供资料。

②为配合物相分析,确定矿石氧化程度,划分矿石类型,进行矿床分带。

③为配合矿石加工技术试验,提供矿石加工和矿产综合利用方面的鉴定资料。

(2)采样原则和要求。

①所采集的样品应有充分的代表性,矿区内不同类型的岩、矿石要系统采集,包括产于各地层单元的代表性岩石、矿床中的不同类型矿石及相关矿物标本,以便统一认识、统一名称。采集标本时要尽量采集新鲜的岩、矿石,并做好野外地质观察、描述工作。

②采集标本的规格以能反映实际情况和满足切制光、薄片及手标本观察的需要为原则,一般为 3 cm × 6 cm × 9 cm。对矿物晶体及化石标本,视具体情况而定。

③样品的登记、包装和送样要求是采集到岩矿标本应在原始记录中注明采样位置和编号,填写标签和进行登记,并在标本上刷漆标明编号。

标本与标签一起包装,应注意不使标签损坏。对于特殊岩矿标本或易磨损的标本,应妥善包装。对易脱水、易潮解或易氧化的某些特殊标本应密封包装。装箱时箱内应放入标本清单,箱外须写明标本编号及采样地点。

需切制光、薄片进行岩矿鉴定的样品,应认真填写送样单,注明鉴定要求,一般需留手标本,以便核对鉴定成果。对某些岩石、矿石样品,需要磨制定向、定位光、薄片者,应在标本上圈定明显标志,并在采样说明书(送样单)中加以说明。

4)矿石光片样

(1)主要用途。

①测定不透明矿物的种类及含量。

②观察不透明矿物的矿相,了解矿物的形成条件及生成顺序。

(2)采样、制样要求。

①样品采手标本大小即可。

②光片大小一般为 2 cm × 3 cm,厚 0.5 cm,表面要抛光。

5)光谱分析样

(1)样品用途。

了解矿石和围岩中有益、有害元素的种类和大致含量是确定化学分析项目的依据。为了降低送样的盲目性,节约样品分析费用,野外工作中在采化学样前,宜先进行光谱分析。

(2)采样要求。

来自同一矿体的不同空间部位和不同矿石类型,拣块样岩送样质量一般为 200~300 g;也可利用有代表性地段的基本分析副样确定组合分析或化学全分析项目,使用分析副样的质量在 100 g 左右。

6)化学分析样

按照分析项目不同和方法上的差异,化学分析又分为基本分析、组合分析、化学全析、物相分析。

（1）采样目的。

①了解矿石中有益、有害元素或组分的种类和含量,确定矿体与夹石、围岩的界线。

②确定矿石质量。

③研究各组分间的相互消长关系和空间变化规律。

（2）采样原则。

①应沿矿体厚度方向,即沿物质成分变化最大的方向采样。

②应按不同矿体、不同矿石类型和品级,分段采样。

③样品必须有代表性,并严防其他物质混入,避免人为的富化或贫化。

（3）采样方法。

在地表和坑道工程中,一般用刻槽法、刻线法、拣块法、剥层法和岩心钻探采样。勘查阶段不同、取样对象不同,方法也有所不同。

采样的具体长度,取决于矿体厚度大小、矿石类型变化情况和矿化均匀程度,以及工业指标所规定的最低可采厚度和夹石剔除厚度。矿体厚度不大,或矿石类型变化复杂、矿化分布不均匀的矿床,或需要依据化学分析结果圈定矿与围岩界线时,采样长度不宜过大,一般不大于可采厚度或夹石剔除厚度。

矿体与夹石、围岩界线不清楚时,则需连续采集样品,确定界线;当矿体与围岩界线较为清楚时,矿体顶、底板围岩要各采一个样品,采样长度为 0.5~1 m。

某些矿种工业利用中允许的有害杂质要求严格时,虽然夹石较薄也必须分别采样。

①刻槽法:该方法应用最广,也是各勘查阶段最常用的取样方法。样槽布置尽量水平,对矿石类型和品级不同的矿体,沿厚度方向分段连续取样,并要穿过矿体的全部厚度。探槽取样,样槽布于其一壁或槽底。探井中,样槽视矿化均匀程度布于一壁、对壁或四壁。硐探中穿脉工程,样槽布于一壁,当矿化很不均匀时,则在两壁同时采样,然后合并成一个样;沿脉采样,用于了解矿体沿走向品位变化的情况,其间隔视矿化均匀程度而定,一般在掌子面上采样。

②刻线法:刻线法线沟规格一般为 2 cm × 1 cm（宽 × 深）,断面呈三角形,上大下小。样线布置是在取样点一定范围内,按相同的间距（一般为 5~10 cm）平行刻取 3~6 条采样线,合成一个样,以保证样品的代表性。采样线长度可参考刻槽法采样规格。当矿层（体）厚度大、品位稳定、矿石均一、地表采样工作量大时,可部分采用此法。

③拣块法:在取样点一定范围内,按相同的间距（一般为 5~10 cm）、相同长度（样长）,连续敲取同等大小的矿石组成一个样品,适用于矿点（区）踏勘和预查、普查阶段。

3.4　手持 GPS 在野外地质填图中的应用

GPS(Global Positioning System)即全球定位系统,是利用卫星,在全球范围内实时进行定位、导航的系统。手持 GPS 的主要用途是定点定位、导航、数据检查、即时量算等。传统的测量方法费用高、作业时间长、劳动强度大,特别是在地形变化大、通视条件差的区域,工作量和工作强度更大,为解决这一矛盾,可以使用手持 GPS 单点定位测量。根据当前常用手持 GPS 接收机的功能特点,介绍其在野外地质填图实习中的使用方法和步骤。

3.4.1　地质工作中手持 GPS 接收机的参数设置

手持 GPS 进行定位的原理简单来说就是空间距离后方交会。它的测量基准就是 GPS 卫星以及用户接收机天线与天线之间的距离,实际上就是通过卫星的位置坐标来推断用户接收机天线的具体位置。在手持 GPS 接收机的定位精度方面,长期野外工作实践表明,手持 GPS 经正确的参数设置后,定位精度在 3~5 m。一般而言,设备的精度与其稳定性是密切相关的,也是判断其可靠与否的关键指标,如需要保证定位的精度和稳定性,可以在不同时长条件下重复对一个相同的点进行测量,以提高精度。

手持 GPS 的测量结果是基于 WGS-84 地心空间直角坐标系的,为了实时得到不同坐标系下的坐标,需要对其进行必要的设置,以实现自动转换。经坐标格式参数设置后,在同一野外调查点位手持 GPS 接收机在不同坐标设置下测定点位坐标的较差较小,可以满足实时得到不同坐标的要求,这一步骤非常关键。

在工作区开展工作前,首先要根据地质项目的设计要求,选用符合精度要求的手持 GPS,做好 GPS 参数校正工作,经过坐标系转换参数计算,得出手持 GPS 实时坐标转换常用的 D_X、D_Y、D_Z、D_A、D_F 五个参数。将手持 GPS 普遍采用的 WGS-84 坐标系,转换到与地形、地质图件中的坐标系或所使用的坐标系(例如国家 2000 坐标系)相一致。在手持 GPS 的坐标系设置界面中输入相应的参数,其中主要的设置参数有中央经线、投影比例、东西偏差、南北偏差、多个改正系数,然后进行手持 GPS 一致性校验,检验误差是否满足项目精度要求。

(1)WGS-84 坐标系的大地坐标:坐标格式设置为"经纬度格式",坐标系统设置为"WGS-84"。

(2)WGS-84 坐标系下的高斯平面直角坐标:坐标格式设置为"User UTM Grid",将中央子午线经度和投影占比以及东西、南北偏移参数置入,把坐标系统设置成"User",把转换参数 D_X、D_Y、D_Z、D_A、D_F 置入。

(3)所使用坐标系的大地坐标:坐标格式设置为"经纬度格式",坐标系统设置为"User",然后将一系列转换参数 D_X、D_Y、D_Z、D_A、D_F 置入。

(4)所使用坐标系下的高斯平面直角坐标:坐标格式设置为"User UTM Grid",将中央子午线经度和投影占比以及东西、南北偏移参数置入,把坐标系统设置成"User",把转换参数 D_X、D_Y、D_Z、D_A、D_F 置入。

(5)手持 GPS 接收机重要参数的确定:确定参数对于定位精度起着重要的作用,手持 GPS 中的内置五参数法可以达到坐标转换的目的,即求得参数,以实现不同坐标系下的坐标转换。

通常所使用的方法是计算法和直接法,在地质填图实习中选用直接法进行参数确定即可。选定测区内分布均匀的控制点,将计算的中间参数当作中心,按照一定的规律赋予增量并测定坐标,并计算出和已知点的点位较差,从这些较差中选择较小的参数作为工作区参数;然后实际测量工作区内的至少 3 个已知点,再将实际测量结果与理论值对比,误差满足技术要求时,计算参数满足使用要求,即可完成参数确定。

3.4.2　手持 GPS 接收机在野外地质填图中的应用

使用手持 GPS 标定地质点精度高且速度快,可以大大提高地质填图的工作效率。如果再结合航片和地形图上的特征点以及特征线标定航迹点或者地质采样点,会进一步提高标定点位的精度。手持 GPS 接收机在野外地质填图中的用途主要有如下几方面。

(1)标定地质填图航迹点、地质采样点点位:用经过参数校正后的手持 GPS 结合地形图很容易进行地质填图航迹点、地质采样点定位,特别是在地形起伏较大的调查区域更具优势。在点位上用手持 GPS 手动测量 3 次以上并记录每次的测量结果,通过多次定位求取平均值,可以提高单点定位的精度,最大限度地缩小误差值。

(2)快速导航定位目标航迹点、地质采样点:此项用途可以应用在提前预设点位和实时选定点位两个方面。提前预设点位:在出野外前的内业工作中,可以将已有地质图中得出的异常或者重点调查的地质点点位坐标传输到手持 GPS 中,这样在野外工作中通过调用航点表的航点,可实现快速定位,并可根据图像、距离、角度数据找到目标点所在的区域。实时选定点位:在实际野外地质工作中,有时需要相对快速准确地找出实际测量点位附近某个范围的地质点,可以通过手持 GPS 接收机中提前设定好距离某已知点位的长度和角度,根据提示找出该实时选定点位。

(3)工作成果复核导航航迹路线及补点工作:在某时段野外工作结束后,可以通过手持 GPS 中存储显示的航迹路线,进行检验路线复核,检查航迹点密度,还可以根据提示在目标工作区或调查区进行补点工作。

(4)计算特定区域多边形面积:在野外地质工作中,通常需要获取图上某区域、某种岩性岩石的实际面积,利用手持 GPS 接收机航点表中的航点,可以非常便捷地计算出某个多边形范围内的某种岩石的面积,区域面积计算的精度取决于组成该多边形的航点数目,航点数目越多,计算出的多边形面积越精确。

下面以常用的合众思壮品牌 G1 系列产品(集思宝 G128BD)为例,介绍手持 GPS 接收机在野外地质填图中的使用方法(部分数据来源于产品官方网站 https://www.unistrong.com)。

1)坐标参数设置(图 3-2)

(1)坐标系统:基准 1、基准 2、基准 3、基准 4。用户可以自定义 4 套坐标系统,将各自的参数设定好,使用的时候直接选择适用的坐标系统即可。

(2)用户可以选择地理坐标系统,即以 BLH 的形式表示坐标;也可以选择投影系统,即以 XYH 的形式表示坐标。

(3)用户坐标单位:度、度/分、度/分/秒。用户可以根据习惯选择显示形式。

(4)北基准:真北、磁北、用户定义。其中用户定义时,需要输入自定义的磁偏角。

(5)选择菜单键,可以进行坐标转换参数和投影参数的设置。

(6)按"椭球类型"后面的三点进入"三/七参数"设置界面,输入当地的 D_X、D_Y、D_Z。选择投影信息时一般选择"横轴墨卡托投影",然后输入当地的中央子午线,假东方向一般是 500 000 m。提示:参数设置中 D_A,D_F 为固定值,若为西安 80 坐标系,应输入"-3,0";若为北京 54 坐标系,则应为"-108,+0.000 000 48"。设置完成后按"存储"。

图 3-2　集思宝 G128BD 手持机坐标参数设置界面

2)标定航点或采样点

(1)标定航点:用于点位信息的记录和采集。

(2)采用图标:采集的航点可以使用不同的图标表示。点击左上角的"图标"按钮,进入"选择图标"界面。

(3)输入名称:采集航点的名称,默认航点以航点+数字命名。通过此项可对采集航点进行名称修改和重命名。

(4)备注:在"备注"项目可以输入对采集航点的描述,默认内容为日期和时间,此处可编辑。

(5)GNSS 坐标:显示当前 GNSS 定位得到的坐标,此处可编辑。

(6)高度和精度:"高度"记录当前位置的海拔高度,此处可编辑;"精度"表示当前 GNSS 水平估算精度值,不可修改。

(7)平均:自定义标定航点的时间,延长标定航点的时间,目的是提高采集航点的精度。点击"平均"按钮,进入"取平均点"界面,开始计时,直到点击"确定"按钮,停止采集,保存此航点(图 3-3)。

(8)地图:点击"地图"按钮,可转入地图界面,将标定的航点显示在地图上。

(9)确定:点击"确定"按钮,标定航点成功存储,否则数据不存储。

(10)其他:点击"#"键,可以进行输入法的切换,在拼音、笔画、英文、字母大小写和数字之间进行切换,可选择熟悉的输入方式进行输入。

图 3-3　集思宝 G128BD 手持机标定航点操作界面

3）航点管理

（1）航点管理：对已存航点进行浏览、查找、排序、编辑和导航等操作。航点列表以名称和距离显示，距离是该航点到当前位置的直线距离。

（2）查找：点击"请输入名称"，然后键入需要查找的兴趣点名称，可查找到相关航点。

（3）查看：如需查看某一兴趣点，需要上下拨动摇杆/航点快捷采集，选择需要查看的航点，点击摇杆/航点快捷采集的"确定"，可查看相关航点的相关信息和对此航点进行操作。

在航点管理界面，点击右上侧面的菜单键，调出"航点管理菜单"界面，在菜单界面有添加航点、编辑航点、设为警告点、地图、导航、排序和删除等操作。

（1）添加航点：标定当前点为航点，等同于标定航点功能，可参考标定航点功能的操作。

（2）编辑航点：可对选择的航点进行图标、名称、备注、坐标和高度的修改。

（3）设为警告点：可将选中的航点设置为警告点，警告点与航点的区别在于警告点可以设置报警范围。

（4）地图：以选择的航点为中心点，在地图上显示航点。

（5）导航：使用选中的航点进行导航作业。

（6）按距离排序：将已存的航点按照距离（与当前位置的距离）由近到远的顺序排列显示。

（7）按名字排序：将已存的航点按照默认名称的顺序由小到大排列显示。

（8）删除当前：删除当前选中的航点，删除后数据不能恢复。

（9）删除所有：删除所有已存的航点，删除后数据不能恢复。

4）航线管理

（1）航线管理：管理已存航线，对已存航线进行编辑等操作，同时可以新建航线和进行航线导航等操作，在已存航线界面显示已存航线的名称和每个航线的航点个数，选取某一航线，可进行航线编辑操作。

（2）查看航线：查看某一条航线，需要上下拨动摇杆，选择需要查看的航线，点击摇杆确定，可查看航线的相关信息和对组成此航线的航点进行操作。

（3）新建：如需新建一条航线，只需点击"新建"按钮，在弹出的界面，依次选择需要添加的航点。

（4）导航：如需使用已存的航线导航，只需选中某一条航线，点击摇杆确定，进入航线界面,然后选择"导航"按钮。

在"已存航线"界面,点击机身右上侧面的菜单键,调出"已存航线菜单"界面,界面中有添加航线、编辑航线、地图、导航、反向导航、拷贝航线、删除当前和删除所有等操作(图3-4)。

图 3-4　集思宝 G128BD 手持机航线管理操作界面

5)航迹管理

航迹:按照一定规则自动记录运行的轨迹。通过航迹可以得到航迹长度、航迹面积等信息,同时也可以使用航迹导航操作,对航迹记录进行设置,控制航迹功能的开关等操作。航迹管理界面如图 3-5 所示。

记录航迹之前可以对航迹记录模式进行预先设置,当机器定位后,就会以所设定的模式自动开始记录航迹。在"航迹"记录页面,按菜单键,弹出"航迹菜单"界面,在此界面可以完成对航迹的设置、导航和删除等操作(图 3-5)。

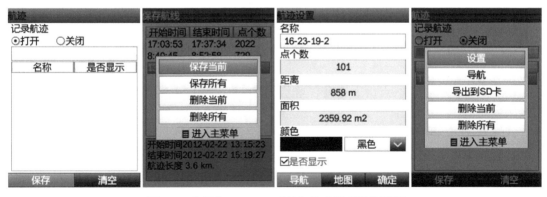

图 3-5　集思宝 G128BD 手持机航迹管理操作界面

(1)设置:将光标移至"设置"上,按摇杆确定键,进入"航迹设置"页面,可进行如下设置:①距离,按照设定的距离进行航迹记录,可在下方的"记录间隔设置"选项里选择合适的距离间隔;②时间,按照设定的时间进行航迹记录,可在下方的"记录间隔设置"选项里选择合适的时间间隔;③自动,按照系统默认模式进行航迹记录。

(2)导航:对选定的航迹进行导航操作。

（3）删除当前：在航迹列表中选择要删除的航迹，航迹删除后，不可恢复，请确认后再操作。

（4）导出到 SD 卡：该功能可将航迹另存到 SD 卡上。

6）地图导航

地图：显示导航地图及导航相关指标。在"地图"页面，按菜单键，弹出"地图菜单"界面，在此界面可以进行回到当前位置（以当前位置为中心显示）、隐藏光标位置信息、隐藏速度航向信息和开始导航等操作。

（1）回到当前位置：在 GNSS 已定位的情况下，可以通过此操作，让当前位置在地图上居中，可以理解为查看当前位置。

（2）隐藏光标位置信息：控制光标位置信息栏的显隐。

（3）隐藏速度航向信息：控制速度航向信息栏的显隐。

（4）开始导航：进入导航工作状态。

7）数据查找

查找所有与点位有关的数据，包括航点、所有兴趣点、最近查找的点和各类内置兴趣点，通过数据查找，找到相关的兴趣点或者航点，进一步可以进行导航等操作。

8）面积测量

面积测量：用于记录面积。点击"面积测量"进入"长度/面积计算"界面，在此界面可进行已存数据的读取和新面积采集操作。面积测量的主要参数有如下几类。

（1）卫星数：实时显示当前位置可用的卫星个数。

（2）精度：实时显示当前水平位置估算精度，单位为米。

（3）长度：实时显示采集面积的长度值。

（4）面积：实时显示采集面积值。

（5）开始/记录：当使用手动记点时，开始采集按钮变为"开始"按钮，当使用自动记点时，开始采集按钮变为"记录"按钮。

（6）保存：将采集的面积保存，采集的面积如果不点击"保存"按钮而退出该界面，数据不会被保存。

（7）在采集计算界面，点击手持机右侧上方菜单键，弹出"采集计算"菜单，开始新任务，重新采集面积。

9）手持 GPS 接收机在野外使用的注意事项

在野外使用手持 GPS 接收机应用于地质调查和地质填图中时，一定要注意以下几点。

（1）应注意在使用前进行参数校正，在使用中合理操作和定期校验，以确定满足野外地质工作要求。

（2）在野外进行定位作业时，应注意 GNSS 信号、天气状况、树林等环境屏蔽情况，且电量、使用者的操作方式等因素都会对定位精度产生影响。

（3）在野外进行定位作业时，还应有较强的地形图读图能力，与地质罗盘配合使用等来确定具体的地理位置。

（4）野外地质调查和地质填图工作中还应加强具体位置的标记标志管理工作。

（5）不得在雷雨天气下使用手持 GPS 接收机；不得将手持 GPS 接收机长期放在有水或

潮湿的地方;温度过高或过低都会影响机器的性能和使用寿命;不要敲击、摔打或剧烈震动手持 GPS 接收机,以免损坏机器内部的电子元件。

（6）不要自行拆卸手持 GPS 接收机,出现故障时应按保修卡指定的方式进行维修;更换电池或者使用外接电源时,必须完全关机,否则有可能对设备造成伤害。

第4章　实习区教学路线及教学观察点

　　根据教学要求和时间安排,结合湟源地质填图实习区地质、地理特征,共设计10条实习教学路线,含2条实测剖面和1个填图区,共28个教学观察点,实习内容涵盖了岩性、构造、工程地质、矿化、沉积现象等的观察。

4.1　路线 L01:实习基地—巴汉村口东—二条沟二社

　　本路线共由4个观察点组成,观察内容涉及岩性、构造、沉积现象等。

1)观察点:D0101

位置:巴汉村口东500 m拉牙段路南旧采石场。

点性:岩性观察点。

观察内容与任务:中元古代蓟县纪花石山岩群克素尔组碳酸盐岩岩性观察。

①西侧岩性为灰白—灰—深灰色厚—块层状白云岩,呈块状分布。

②东侧为深灰色灰岩,其中灰岩中发育泥岩纹层,总体呈厚层块状分布。

③发育节理,注重统计节理产状。

④根据岩性等判断沉积环境。

⑤注意画信手剖面图。

2)观察点:D0102

位置:二条沟二社拉牙段路北。

点性:构造观察点。

观察内容与任务:构造现象观察。

①发育断层,根据断层面阶步(东侧第二条断层处)、擦痕(东侧第一条断层处)判断断层的运动方向。

②东侧第一条断层沿着凝灰岩顺层滑脱,在断层两盘的软弱层中发育韧性变形,凝灰岩发生变质,形成斑脱岩(千枚岩)。

③在断层中周围发育两组张节理,统计节理的方向。

④地层为古元古代东岔沟组石英岩。

⑤在节理缝中发育石英脉,是后期的充填发育。

⑥在断层附近发育石香肠构造(东侧第三、四条断层之间)。

⑦在断层带中发育由构造作用形成的透镜体(东侧第三条断层处)。

⑧注意画信手剖面图(全貌素描图及石香肠构造素描)。

3)观察点:D0103

位置:二条沟二社拉牙段路北。

点性:岩性观察点。

观察内容与任务:东岔沟组岩性观察。

①地层为古元古代东岔沟组石英岩、千枚岩等。

②东岔沟组分为三段,识别三段界线。

③观察石英岩、千枚岩矿物特征。

④注意画信手剖面图。

4)观察点:D0104

位置:二条沟二社拉牙段路南。

点性:沉积相观察点。

观察内容与任务:河流相沉积观察。

①河流为现代曲流河。

②观察"截弯取直"现象(不彻底的截弯取直,古河道残留,边滩未全部截弯取直)。

③观察河流相亚相,如边滩、河床底部滞留沉积、堤岸亚相等。

④观察河流沉积纵向韵律(1 m 的沉积剖面观察)。

⑤画曲流河平面素描图和剖面素描图。

4.2　路线 L02:实习基地—黄茂村

本路线包含 3 个观察点,实习内容包括岩性和构造观察。

1)观察点:D0201

位置:黄茂村北 800 m 拉牙段路北。

点性:岩性观察点。

观察内容与任务:晚奥陶世加里东期正长花岗岩观察。

①岩性为正长花岗岩,观察花岗岩颜色。

②矿物含钾长石、斜长石、石英、角闪石,注意观察这些现象。

③幔源物质的加入,使得暗色的镁铁质包体矿物发育。

④发育一断层。

⑤发育岩浆脉,基性的岩浆脉侵入酸性的花岗岩中。

⑥注意画信手剖面图。

2)观察点:D0201-1

位置:距 D0201 点 165° 方向 500 m 处。

点性:岩性观察点。

观察内容与任务:

①注意观察黑云花岗岩颜色及其矿物组成;

②作为岩性过渡点画信手剖面图。

3)观察点:D0202

位置:黄茂村北 300 m 拉牙段路西。

点性:构造观察点。

观察内容与任务:断裂带观察。

①发育一断层带,且宽度较大。

②观察断层内的岩性经历强变质作用,断层角砾岩发育。

③观察描述断层带内部复杂的构造变形。

④注意画信手剖面图。

4.3　路线 L03:实习基地—浪湾村—黄茂村大华水库

本观察路线由 2 个观察点组成,观察内容主要为工程地质内容。

1)观察点:D0301

位置:三条沟拉牙段路北浪湾村采石场。

点性:工程地质观察点。

观察内容与任务:观察工程地质设施、生态环境修复。

①采石场现状、生态环境观察。

②观察生态修复状态及效果。

2)观察点:D0302

位置:黄茂村大华水库。

点性:工程地质观察点。

观察内容与任务:观察水库工程情况。

①观察水库的结构。

②观察水库的边坡工程、地基工程。

③水库岩石地质工程的防护。

④绘制该路线的信手剖面图。

4.4　路线 L04:实习基地—居士浪段路

本观察点由 5 个观察点组成,内容包括矿化带、岩相和工程地质等。

1)观察点:D0401

位置:巴燕峡村北居士浪段路路口。

点性:矿化观察点。

观察内容与任务:矿化带观察、花岗岩与第四系接触关系观察。

①发育奥陶纪正长花岗岩,推测花岗岩也是加里东期的产物。

②从东北至西南地层分别为第四系、正长花岗岩、矿化带,注意观察并描述这些现象。

③矿化带的矿石矿物为萤石。

④观察描述萤石的颜色、结构构造特征。

⑤绘制该路线的信手剖面图。

2)观察点:D0402

位置:居士浪段路路口西南 900 m。

点性:矿化观察点。

观察内容与任务:花岗闪长岩中的石英脉矿化带和萤石矿化带观察。

①观察花岗闪长岩中发育有石英矿化带和萤石矿化带。

②萤石呈粉红色。

③观察石英脉的充填期次。

④观察花岗岩中发育的节理,呈 X 形。

⑤花岗闪长岩粒度较粗。

⑥石英脉里含有萤石矿石,说明萤石矿石可能是后期热液带上来的。

⑦注意画相关信手剖面图。

3)观察点:D0402-1

位置:居士浪段路路口西南 850 m。

点性:岩性、构造观察点。

观察内容与任务:正长花岗岩与花岗闪长岩的相变分界点。

①观察相变,由正长花岗岩逐渐变为花岗闪长岩。

②注意颜色的变化,相应的颜色逐渐由粉红色转变为灰白色。

③观察花岗岩中发育的矿物及其变化,如黑云母、白云母、斜长石、黏土矿物等矿物。

④注意观察花岗岩中的发育节理、裂隙等现象。

⑤绘制该路线的信手剖面图。

4)观察点:D0403

位置:明元采石场(居士浪段路路口西南 1 500 m)。

点性:工程地质观察点。

观察内容与任务:石料厂工程地质观察。

①观察石料厂规模。

②石料厂的原材料为花岗岩。

③三条沟采石场地质环境问题调查。

④注意画相关信手剖面图。

5)观察点:D0404

位置:明元采石场 250° 方向 150 m 处。

点性:岩性和矿化观察点。

观察内容与任务:岩性观察和萤石矿化带观察。

①观察岩石类型及其特征,二长花岗岩中夹花岗闪长岩。

②花岗闪长岩中可观察到萤石矿化带,萤石呈粉红色,少量片状分布于部分岩石中。

③注意观察发育的节理特征,如呈 X 形。

④注意画相关信手剖面图。

4.5　路线 L05:实习基地—下莫吉村

本路线由 2 个观察点组成,观察内容包括构造、岩性、矿化带和现代河流阶地观察。

1) 观察点:D0501

位置:下莫吉村扎草段路北。

点性:构造、岩性、矿化带观察点。

观察内容与任务:构造、岩性、矿化带观察。

①观察发育灰绿色的基性角闪岩。

②观察发育的节理数以及其中充填的矿化带期次及其特征。

③石英脉中包含电气石。

④细晶岩脉、石英脉为后期侵入、充填至角闪岩节理中而成。

⑤绘制该路线的信手剖面图。

2) 观察点:D0502

位置:下莫吉村扎草段路南。

点性:河流阶地观察点。

观察内容与任务:河流阶地形态观察及演化过程推测。

①发育一条从西向东的季节性河流。

②观察河流阶地(可以观察到 3 级阶地)。

③绘制该处河流阶地的信手剖面图。

4.6 路线 L06:实习基地—巴汉村口

本路线由 2 个观察点组成,观察内容主要包括岩性、构造和工程地质等现象。

1) 观察点:D0601

位置:巴汉村口拉牙段路西。

点性:岩性、构造、工程地质观察点。

观察内容与任务:玄武岩、片理、节理、工程地质观察。

①岩性观察,岩性为灰绿色片理化玄武岩,偶夹薄层状千枚状钙质板岩及少量千枚状绢云母片岩等,以片理化形变为主,局部受后期辉长岩脉穿插强烈,表面具高岭土化蚀变。

②岩石片理化极强,矿物拉伸定向排列较好,厚度基本稳定。

③玄武岩中发育节理。

④观察在玄武岩对面的岩石边坡工程。

⑤注意画信手剖面图。

2) 观察点:D0602

位置:巴汉村口 335° 方向 600 m 处。

点性:工程地质观察点。

观察内容与任务:工程地质观察。

①采石场全貌观察。

②采石场防护措施观察。

③采石场工程修复措施观察。

4.7　路线 L07：实习基地—塔湾村—上尕庄

本路线包括 4 个观察点，观察内容主要包括沉积、河流阶地、黄土沉积和构造等现象。

1）观察点：D0701

位置：塔湾村西 500 m 阿华段路北。

点性：沉积现象观察点。

观察内容与任务：冲积扇泥石流沉积和河道沉积观察。

①发育冲积扇相沉积，观察河道沉积和泥石流沉积。

②河道沉积发育下粗上细两个韵律，说明水深变化过程。

③河道沉积呈槽状，砾石定向排列（大砾石），判断指示水流方向。

④画素描图。

2）观察点：D0702

位置：塔湾村西 500 m 阿华段路南。

点性：河流阶地观察点。

观察内容与任务：河流阶地观察点。

①观察发育的 3~4 级河流阶地，一级阶地高 2.5 m，宽 35~40 m；二级阶地高 7.5 m，宽 4~5 m；三级阶地高 5 m，宽 20~25 m。

②画剖面图，标注出阶地前缘、阶地后缘、阶地面、阶地陡坎。

③画素描图。

3）观察点：D0703

位置：上尕庄阿华段路北。

点性：沉积现象观察点。

观察内容与任务：黄土沉积观察。

①观察发育规模较大的风成黄土。

②在黄土底卷有一些砾石，部分砾石具有一定磨圆，单向向上逐渐消失，砾石为黄土沉积时周边滚落的砾石，判断黄土成因。

③观察黄土中发育的各类构造现象。

④画素描图。

4）观察点：D0704

位置：上尕庄阿华段路北（D0703 点西 30 m）。

点性：构造观察点。

观察内容与任务：断层、褶皱、节理观察。

①发育一条明显断层，断层两侧发育断层相关褶皱，观察并描述。

②岩性主要为云母石英片岩，注意观察。

③绘制该处构造素描图。

4.8 路线 L08：实习基地—北沟村

本路线包含 2 个观察点，内容主要包括岩性、构造现象观察。

1）观察点：D0801

位置：北沟村西南 300 m 阿华段路东。

点性：岩性和构造观察点。

观察内容与任务：岩性、构造观察。

①岩性观察，岩性主要为中元古代长城纪磨石沟组石英岩，呈块状分布。

②岩体中发育多组节理。

③岩体中发育千枚岩。

④根据原岩恢复可知，石英岩和千枚岩的原岩为砂岩和泥砂岩。

⑤观察发育的断层，并判断断层性质。

⑥绘制该处信手剖面图。

2）观察点：D0802

位置：北沟村西南 300 m 阿华段路西。

点性：岩性和构造观察点。

观察内容与任务：岩性、构造观察。

①岩性观察，岩性为中元古代长城纪磨石沟组石英岩，呈块状分布。

②岩体中发育多组节理。

③岩体中发育千枚岩。

④根据原岩恢复可知，石英岩和千枚岩的原岩为砂岩和泥砂岩。

⑤岩石中断层识别，判断断层的性质。

⑥注意绘制该处构造现象素描图。

4.9 路线 L09：实习基地—冰水村西—长岭村

本路线包含 4 个观察点，主要内容是填图和前期的踏勘，具体包含岩性、构造等现象观察。

1）观察点：D0901

位置：冰水村西 300 m，长岭村北 900 m 阿华段路西。

点性：岩性和构造观察点。

观察内容与任务：地层填图区踏勘。

①此区共发育三个时代的地层，从东向西分别为古元古代东岔沟组石英岩、古近纪西宁组砂岩、第四系，总结其分布规律。

②第四系与古近纪西宁组不整合接触，古近系与东岔沟组断层接触。

③注意画信手剖面图。

2）观察点：D0902

位置：冰水村西 400 m，长岭村北 1 000 m 阿华段路西。

点性：岩性和构造观察点。

观察内容与任务：地层填图区古近纪西宁组与东岔沟组断层观察。

①古近纪西宁组与东岔沟组之间为一断层，断层规模较大。

②综合判断断层性质；观察断层面上的擦痕、阶步等现象。

③东岔沟组呈红色，且其中发育的节理非常多，注意总结其分布规律。

④注意画信手剖面图。

3）观察点：D0903

位置：冰水村西 300 m，长岭村北 900 m 阿华段路西。

点性：岩性观察点。

观察内容与任务：填图区东岔沟组石英岩里的原岩颗粒成分观察。

①注意观察岩性，古元古代东岔沟组为变质石英岩。

②虽为变质石英岩，但原岩颗粒成分还是可以观察到的，判断原岩成分。

③注意画信手剖面图。

4）观察点：D0904

位置：长岭村西 200 m 阿华段路西。

点性：岩性观察点。

观察内容与任务：填图区古近纪西宁组灰色砂砾岩观察。

①填图区的古近系岩性以灰色的砂砾岩、砂岩为主。

②底部为粒度较大的粒岩，向上逐渐变为粒度较小的红色砂岩。

③注意画信手剖面图。

④在以上基础上开展野外地质填图。

4.10　路线 L10：实习区及周边主要矿床（矿化点）

实习区成矿带划属中祁连铜、铁、非金属成矿带。代表性的金属矿床有湟源县河达南山钛矿点、湟源县阿哈吊铁矿点、湟源县上莫吉铍矿化点等。代表性的非金属矿床有湟源县梁子白云岩矿床、湟源县巴汉北山石灰岩矿床、湟源县拉拉口南山泥岩矿床等。现将其中具有代表性的 10 处矿床（矿化点）介绍如下。

1）矿化点 KC01：湟源县河达南山钛矿床

该矿床位于湟源县北直距 3 000 m 河达南山一带，青藏铁路及青藏公路自湟源达矿点有便道相通，交通便利。海拔 2 500~4 000 m，大陆性气候，山区年均气温 0 ℃，调查区水系发育，人口较密，经济相对发达。钛矿化体 13 条赋存于蚀变闪长岩中，围岩蚀变以绿帘石化、绿泥石化和黝帘石化为主，矿化以钛铁矿、黄铁矿为主。2003 年，青海省地质调查院在预查区新发现钛矿（化）体 13 条，铜钴矿化点 1 处，据其产出位置特征和成矿地质条件，结合异常的分布情况，将其分为三个区段，即前沟石崖、大山根和炭窑尔矿化区。

（1）前沟石崖矿化区：该区经检查发现辉长脉体 3 条，经探槽单工程控制，圈定 TiO_2 矿化体 5 条,矿石平均品位为 4%,最高品位为 5.7%。含矿岩性均为蚀变辉长岩,闪长岩脉呈北西—南东向分布,可见长度大于 500 m,宽度一般为 40~200 m,西南部位由岩石剖面控制,最宽 200 m, TiO_2 含量一般大于 3.16%。岩石受变质作用,片理化较强,主要蚀变以绿泥石化、绿帘石化为主。从光薄片资料分析,主要矿石矿物为钛铁矿、黄铁矿、黄铜矿、磁黄铁矿,脉石矿物为普通角闪石、石英。钛铁矿呈板状或粒状晶,具有锐钛矿化,大小为 0.04~0.82 mm,呈星散浸染状分布于脉石矿物中;黄铁矿呈自形粒状晶,粒径为 0.025~0.24 mm,被褐铁矿交代;黄铜矿呈他形晶,粒径为 0.004~0.03 mm,包含在脉石矿物中。上述矿物均在岩浆矿化期形成,锐钛矿、褐铁矿形成于风化矿化期。

(2)大山根矿化区:该区发现辉长岩脉体大的 3 条,闪长岩脉小的 8 条,脉长一般为 10~15 m,长度为 50~70 m,脉体的展布方向为北西—南东向,其中圈定矿化体 3 条。

①1 号钛矿化体:矿化体在北西方向较宽,约 165 m,向东南方向逐渐变窄 15 m 左右,基本上为全岩含矿,矿化体长度约 600 m,含矿岩性为蚀变辉长岩及斜长角闪片岩,岩石边缘具片理化,岩石中蚀变类型以绿帘石化、高岭土化为主,矿化类型为钛铁矿化、褐铁矿化、赤铁矿化、黄铁矿化。矿化体平均品位为 3.45%,最高品位为 5.04%。矿石矿物为钛铁矿、黄铁矿、褐铁矿及少量赤铁矿、黄铜矿,脉石矿物为普通角闪石、斜长石及少量磷灰石。钛铁矿呈板状、粒状、菱形状,大小为 0.04~0.25 mm,具有被榍石或白钛石交代现象。黄铁矿呈自形粒状晶,被褐铁矿交代,黄铜矿呈形粒状晶,较大颗粒边缘被褐铁矿交代。矿石矿物基本于岩浆矿化期或变质矿化期形成,褐铁矿及少量赤铁矿于风化期形成。

②2 号矿体:平均宽度为 40 m 左右,含矿岩性为蚀变辉长岩,靠近岩体(矿化体)边部的闪长岩具片理化,岩石中蚀变类型主要为高岭土化、碳酸盐化、绿泥石化,矿化类型主要为褐铁矿化、黄铁矿化、钛铁矿化。矿石平均品位为 3.39%,最高品位为 4.54%。矿石矿物主要为钛铁矿、黄铁矿、褐铁矿,脉石矿物为普通角闪石、石英等。

③3 号钛矿体:矿(化)体呈北西—南东向展布,矿体平均宽度为 16 m,矿体的长度为 750 m,含矿岩性为蚀变辉长岩,岩体边缘具片理化。矿石矿物为钛铁矿、黄铁矿等,脉石矿物主要为普通角闪石、绢云母、黑云母等。蚀变主要为高岭土化、绿泥石化、弱碳酸盐化,矿化类型为褐铁矿化、黄铁矿化、钛铁矿化,矿石平均品位为 3.46%,最高品位为 4.86%。

(3)炭窑尔矿化区:发现辉长岩脉 6 条(其中最东边的一条为辉长玢岩脉),对其中规模较大的 4 条辉长岩脉进行施工,圈出 TiO_2 矿化体 5 条。

①1 号矿化体:矿化体宽度为 55 m,含矿岩性为蚀变辉长岩,局部地段片理化较强。岩石中蚀变以绿泥石化、高岭土化、绿帘石化、碳酸盐化为主,局部为硅化。矿化为褐铁矿化、黄铁矿化,从光片鉴定分析结果可知,主要载钛矿物为钛铁矿,矿石平均品位为 3.7%,最高品位为 5.03%。因受动力变质作用,大部分钛铁矿被拉长,呈边界不规整的条痕状,在脉石矿物中断续定向分布形成片麻状构造,部分钛铁矿保留板状(大小为 0.12 mm×0.16 mm~0.216 mm×0.648 mm)或粒状(粒径为 0.01~0.05 mm)结晶形态,显示半自形粒状晶结构,具有白钛石化。

②2 号矿化体:矿体平均宽度为 80 m,含矿岩性为蚀变辉长岩,局部地段辉长岩具片理化。岩石蚀变以高岭土化、绿泥石化、碳酸盐化为主。矿化类型为褐铁矿化、黄铁矿化,从光片鉴定可知,载钛矿物为钛铁矿,矿石平均品位为 3.40%,最高品位为 4.61%。

③3 号和 4 号矿化体：3 号矿化体平均宽度为 16 m，控制长度为 400 m，平均品位为 3.3%，最高品位为 4.31%；4 号矿体平均宽度为 17 m，含矿岩性为灰色细粒蚀变闪长岩，矿体中 TiO_2 平均品位为 3.1%，最高品位为 3.5%。靠近围岩的辉长岩具片理化。

④5 号和 6 号矿化体：矿化体宽 20~140 m，平均品位为 3.2%，最高品位为 4.9%，矿石矿物主要为钛铁矿、黄铁矿、钛磁铁矿等，脉石矿物主要为角闪石、绢云母、石英、斜长石等。矿化体亦为蚀变辉长岩，岩脉呈北西—南东向条带状分布，宽约 200 m，长度大于 500 m。该区交通方便，附近有水源，自然地理条件优越，是今后开展地质工作的有利地段。

该处钛矿床的总体特征是：均处于辉长岩体（脉）部位，尤其在蚀变辉长岩及岩体与围岩接触部位，矿化较强，说明该区矿化与脉岩关系密切，围岩蚀变以绿帘石化、绿泥石化和黝帘石化为主，矿化以钛铁矿、黄铁矿为主。矿石矿物主要有钛铁矿、黄铁矿、褐铁矿；脉石矿物以角闪石、石英、绢云母、方解石、黑云母为主，近矿围岩以斜长角闪片岩为主，综合认为该矿点成因类型为岩浆岩型。

2）矿化点 KC02：湟源县阿哈吊铁矿点

该矿点位于湟源县城关镇东峡地区县城东南直距 5 km 青藏公路及青藏铁路南侧附近，交通方便。矿体产于大理岩与石墨片岩分界面上，沿大理岩裂隙及石墨片岩片理分布，产状大致与围岩一致，矿体呈透镜状（其残存有被铁质包裹而呈皮壳状及同心圆状的大理岩和石墨片岩残体）、似层状、细脉状（或网脉状）等。共见 2 个矿体，分别长 233 m、25 m，厚 3.8 m、12 m，平均厚 4.65 m。矿化带断续延至盘道磨沟（总铁含量为 5%~10%）及灰条沟（总铁含量为 32%），但规模均很小。金属矿物主要为褐铁矿，另有少量赤铁矿，脉石矿物为绿泥石、云母、石英，矿石以褐铁矿矿石为主，矿石具胶状结构，具多孔状、蜂窝状、葡萄状、皮壳状及同心圆状等构造。

矿点位于祁连加里东褶皱系中祁连中间隆起带东段。出露下元古界地层，由老至新分为四层：含石墨绢云母石英片岩，产状走向 348°，倾向 SW ∠ 40°；灰白色、青灰色薄层中粒大理岩，局部铁染为矿体下盘，走向 357°，倾向 SW ∠ 53°；石墨片岩呈暗灰色，是本区主要含矿层，走向 345°，倾向 SW ∠ 55°；灰—深灰色石榴子石石墨片岩，产状 347°，倾向 SW ∠ 45°。矿区未见岩浆岩，但区域上侵入岩发育，主要为元古代及加里东期片麻状花岗岩、闪长岩及花岗岩。矿区位于响河倒转背斜西南翼，为一单斜构造，岩层产状 345°~355°，倾向 SW ∠ 45°~55°，岩层节理发育，主要一组倾向 SE ∠ 40°~60°。岩层为泥、砂、钙质重复出现的类复理石建造，现变质为角闪岩。综合认为该矿点成因类型属风化淋滤型。

3）矿化点 KC03：湟源县上莫吉铍矿化点

该矿化点位于湟源县北西直距 19 km，上莫吉村西北 1.3 km 处的山坡上。

矿点处于祁连加里东褶皱系中祁连中间隆起带东段南部。出露晋宁期片麻状花岗岩节理发育。含铍萤石矿脉产于片麻状花岗岩的节理裂隙中，其中以 ∠ 270°~280°、∠ 45°~55° 的节理裂隙为主，次为 205° ∠ 58° 的节理。

萤石脉多出现在石髓细脉之中，脉宽一般为 1 cm 左右，但在转石见有厚达数厘米的萤石脉，萤石呈暗紫色，多为皮壳散染状，有的呈细粒状，可见四角八面体和菱形十二面体的晶体，在长达 400~500 m 的范围内，共发现 4 处原生露头，每处宽 20~30 m，脉的密集程度不等，密者每米 2~3 条，稀者数米 1 条。

4）矿化点 KC04：湟源县梁子白云岩矿床

该矿床位于湟源县城北西直距 30 km 的梁子村西南侧，北东距海晏县城 13 km，行政区划隶属湟源县寺寨乡管辖，矿区东至湟源县城有正规公路和简易公路相通，交通方便。

矿点处于祁连加里东褶皱系中祁连中间隆起带东段南部。出露加里东期片麻状花岗岩、斑状花岗岩，节理发育。矿区位于祁连加里东褶皱系中祁连中间隆起带南缘，梁子村附近的团保山北坡深断裂与一小断层之间。出露地层为中元古代花石山岩群及第四系。根据区测资料，第四系下覆有白垩系上统地层。花石山岩群在矿区为团保山—大板山复向斜一翼，呈倾向南西的单斜层。矿区内无岩浆活动。区域内岩浆活动虽频繁，但距矿层甚远，故不叙述。

共圈定 1 个矿体，产于花石山岩群的薄层状石灰岩中，总体呈透镜状，矿体长 516 m，平均厚度为 51.69 m，沿走向厚度变化较大，在 18~180 m 之间。产状 200°~240°∠30°~70°。白云岩矿层的底部与断层破碎带接触。矿石为晶质白云岩，呈白—灰白色。晶质结构，块状构造。主要矿物成分为白云石，含少量方解石（1%~2%）及少量泥碳质。化学组成：CaO 30.47%、MgO 20.84%、SiO_2 1.14%、Fe_2O_3 0.155%、K_2O 0.033%、Na_2O 0.006%、其他 1.32%。据现场观察，当 MgO 含量小于 20% 时，矿石颜色变深。围岩：矿层顶板为灰—灰白色薄层状石灰岩，底板为浅灰色、白色晶质白云岩。成因类型属沉积变质型矿床。

5）矿化点 KC05：湟源县巴汉南山头石灰岩矿床

矿床位于湟源县南西直距 14 km 的大华乡巴汉村附近，交通方便。

矿区处于祁连加里东褶皱系中祁连中间隆起带南部。出露中震旦统克素尔组。白云岩，灰白、深灰、浅红色细粒块状；硅质千枚岩，灰黄灰—绿色，中夹白云岩透镜体；薄层、中厚层结晶灰岩，灰—深灰色，中夹硅质千枚岩薄层，为第一矿层；中厚层、厚层结晶灰岩，灰—浅灰色，为第二矿层；钙质千枚岩；结晶灰岩，灰—浅灰色，厚层，为第三矿层；钙质千枚岩；寒武系上统，绿色千枚岩和变安山岩；第四系，砂质黄土及坡积物。矿区内矿层明显褶皱呈 S 形，千枚岩揉皱强烈。矿区北部有一平推断层，使矿层发生明显位移。在 TC9 探槽中见白色、浅红色长英岩脉。矿体分三层：第一层矿长 300 m，厚 25.95~76.23 m；第二层矿长 350 m，厚 5.46~45.03 m；第三层矿长 390 m，厚 2.42~54.27 m。连续性差。

矿石为细粒变晶结构，中厚—厚层状致密块状构造。第一层矿中见方解石细脉、质量较差；第二、三层矿质量好。化学分析结果：CaO 平均含量达 50.98%、MgO 1.40%、SiO_2 3.61%、Al_2O_3 0.72%、Fe_2O_3 0.55%、烧失量达 41.81%。成因类型属沉积变质矿床。

6）矿化点 KC06：湟源县拉拉口南山泥岩矿床

该矿床位于湟源县北西方向直距约 5 km 的水泥厂南边，五大巴沟口东侧，行政区隶属湟源县大华乡管辖。矿区海拔为 2 700~2 780 m，距湟水公路 1.5 km，东距湟源县城 7 km，距西宁市 65 km，距青藏铁路、湟源、火车站约 4 km，距青藏公路干线 7 km，距巴汉石灰岩矿区 12 km，交通十分便利，水源、电源能就近解决。

矿区位于祁连加里东褶皱系中祁连中间隆起带湟源盆地南西边缘。出露主要地层有古近系、新近系和第四系，自下而上为：古近系和新近系为一套山麓—内陆湖泊相堆积物的红色地层；古近系主要由紫红色砂岩、砂砾岩，灰绿色、杂色砂岩组成，与下伏地层呈角度不整合；新近系中新统西宁组与下伏古近纪地层为超覆不整合接触。下部为灰绿色砂质砾岩、紫红色含砾砂岩,上部为砖红色含砂泥岩,顶部为红色泥岩残积层(上部和顶部泥岩为目标矿层)。第四系分为陆相未经固结的松散堆积,中更新统超覆不整合于新近系之上,下部为砾石层属中更新世早期冰水—洪积产物,一般厚 3~4 m,与中更新世冰积层相对应,上部为黄土,一般厚 10~20 m,属上更新统松散堆积物。

矿体赋存于新近系中新统西宁组泥岩及第四系中上更新统上部岩层中的黄土。泥岩由泥岩和泥岩残积物组成,两者呈渐变过渡关系。矿体呈缓倾单斜构造,属层状,产状基本水平,矿体平均厚度为 16.71 m,最厚 28.48 m,最薄 8.67 m,水平延伸约 2 000 m。泥岩残积物广布于泥岩不同层位之表面,厚 0.5~8 m。黄土在矿区分布广泛,覆盖于砾石层之上,最厚 24.28 m,平均厚 10.9 m,矿体呈孔隙状构造,垂直节理发育,可能是风积而成。按矿石岩性划分为泥岩矿石、泥岩残积层矿石和黄土矿石。泥岩为砖红色,含砂泥质结构,鳞片状构造,由黏土质和粉砂碎屑组成,岩石塑性较强,断口呈明显贝壳状。岩石底部含有大小不等的砾石,粒径为 2~5 mm,其成分为石英,碎屑次之。泥岩残积层为砖红色,含砂泥质结构,鳞片状构造和孔隙状构造。与泥岩界线为过渡关系。黄土呈土黄色,泥质粉砂结构,孔隙状构造,无层理,垂直节理发育。筛余物的主要矿物成分为石英,岩屑次之。矿物成分:泥岩主要为细鳞片状水云母,有少量高岭石(或蒙脱石),碎屑以石英为主,次为碳酸岩,含少量云母、赤铁矿等。泥岩中有益组分比较稳定。化学组成: SiO_2 52.68%, Al_2O_3 12.75%, Fe_2O_3 5.13%。成因类型有湖泊相沉积型和风成沉积型两种。

7)矿化点 KC07:巴汉铜矿化点

该矿化点位于大华—海晏道旁的巴汉村西侧,交通较为便利。铜矿化主要产于六道沟组混杂岩带中的火山岩(玄武岩)中,长约 100 m,东西两端分别被残坡积物、植被掩盖,出露宽约 25 m。火山岩中有 15~30 m 的辉长岩脉穿插。玄武岩中发育较密集的裂隙,裂隙中充填碳酸盐岩脉,呈蛛网状或羽状。火山岩中矿化主要产于玄武岩中,多见黄铜矿化、黄铁矿化、铜蓝,玄武岩中主要为铜蓝、孔雀石化(照片 Ⅱ-1),矿化蚀变带宽约 150 m,拣块化学样中铜含量分别为 0.34%、0.60%。矿石矿物主要为黄铜矿和黄铁矿,黄铜矿部分呈他形粒状晶,部分呈半自形粒状晶,粒径为 0.008~0.32 mm,分布在脉石矿物间,且大部分脉石矿物间断续定向排列。少数晶粒的边缘被褐铁矿交代,其褐铁矿呈薄膜状分布在黄铜矿表面。黄铁矿多呈自形粒状晶,少量呈压碎状,具被褐铁矿交代现象,粒径为 0.01~0.24 mm。玄武岩中可见磁铁矿化,该矿化点位于拉脊山混杂岩带内,断层较为发育,围岩为克素尔组的灰岩,灰岩与石英岩呈断层接触。

8)矿化点 KC08:湟源县东岭铜矿化点

该矿化点位于西宁—湟源公路旁,大崖根北侧 500 m,交通较为便利。

该矿化点产于二长花岗岩与东岔沟组片岩接触带中,矿化带长约 50 m,宽约 30 m。带内岩性主要为二长花岗岩及云母片岩,岩石表面和裂隙面孔雀石化矿化明显(照片 Ⅱ-2)。该矿化产于湟源岩群东岔沟组变质岩中,其类型主要为云母片岩类,局部可见闪长岩脉及花岗岩脉穿插。裂隙充填碳酸盐岩脉,呈蛛网状或羽状,片岩中多见黄铜矿化、黄铁矿化、铜蓝等。矿化蚀变带内圈出矿体 1 条,该矿体宽约 2 m,长约 5 m,主要矿化产于玄武岩中,见铜蓝及孔雀石化。拣块化学样金属铜含量为 0.7%,矿体中铜的平均品位为 1.8%。

9）矿化点 KC09：居士郎萤石矿化点

该矿化点位于居士郎沟，交通较为便利，位于湟源—海晏省道旁。长约 100 m，东西两端分别被残坡积物、植被掩盖，出露宽约 15 m。

该矿化点产于早志留世白云母花岗闪长岩中。岩石表面和裂隙面萤石矿化明显，呈紫色及绿色色调。白云母花岗闪长岩中见稀疏萤石矿（照片 Ⅱ-3 左），含量未定，未见其他金属矿物。矿化蚀变带长约 100 m，宽约 30 m，本次工作中在该矿点投入探槽 1 条，在居士郎矿化点上共圈出矿体 2 条，矿化主要发育在白云母花岗闪长岩中。该矿体探槽工程控制，矿体宽 4~5 m，长由于局部覆盖较大未能控制，走向约 10°，主要矿化为萤石矿化等，呈团块状、浸染状或星点状，矿体 CaF_2 品位为 1.31%~3.1%（照片 Ⅱ-3 右）。

10）矿化点 KC10：湟源县山根村透闪石矿化点

该矿化点位于湟源县药水峡南，青藏公路西侧，交通较为便利。透闪石岩：基质具柱状变晶结构，岩石由变斑晶和基质两部分组成。基质由透闪石、碳质不透明矿物、榍石、少量褐色黑云母、石英、粒状金属矿物组成。矿物组合：透闪石+石英+黑云母，属接触变质作用形成的矿物组合。含透闪石 71%、碳质不透明矿物 7%、石英 3%、榍石 1%、粒状金属矿物少量。透闪石岩宽 30 m，东侧为公路，西侧为黄土覆盖。

第 5 章　实测地质剖面与地质填图实习

在前期踏勘实习区的基础上,选择几条典型的剖面和适当面积开展实测、填图,是地质填图实习的重要内容。湟源地质填图实习区选定 2 条实测剖面,主要用于实习前期踏勘、剖面实测。选定地质填图实习区 1 处,供实习总结阶段地质填图综合训练使用。

5.1　实测地质剖面设计

(1)实测地质剖面位置的初步选择。

通过路线地质踏勘,对填图区的地层、矿产、构造、地形地貌等已经有了概略的了解,实测剖面位置选在哪里应该已经有了一定的考虑,大体位置基本可以确定下来。为了使实测地质剖面工作顺利进行,提高工作效率并达到质量要求,在正式实测之前,一般应进行比路线踏勘更加详细的观察,如剖面通过的地点、导线方向,地层的岩性、层序、化石层位、标志层、接触关系、构造形态,确定分层界线点并树立标记。对于实测构造剖面,则应对各种构造形态的要素、特征及其确定依据和相互关系进行观察。为了加深印象供实测时参考,可作信手剖面。

(2)导线的布设与工作内容。

由于地形地质条件复杂多变,实测地质剖面的目的、要求不同,因此实测的方法也有多种,如直线法、网格法、导线法等。其中,导线法多为生产部门所采用。所谓导线法,系指按既定剖面的方向,随着地形起伏连续实测,在平面上为一反复转折的导线。其优点是可以适应多种变化的情况,野外测制方法简单易行、速度快。其缺点是剖面为非直线时作图较烦琐,精度较其他方法稍差。

①导线布设原则。

采用导线法进行实测地质剖面时,首先必须进行导线布设。导线布设应遵循实测地质剖面的选线原则,具体应注意以下三个问题。

第一,所有导线应尽可能沿同一方向,并垂直于主要地层走向或主要构造线方向,若因某些因素使导线必须转折,则转折应尽量减少,且总体导线方向(导线起讫点相连)要保持与主要地层(或主要构造)走向垂直,单一导线与地层走向线的锐夹角不小于 60°。

第二,每条导线的端点(导线点)应布置在地形起伏变化处,同一导线之内的地形坡度要基本稳定。当地形明显变化时,一定要设点控制变化的地形。此外,导线点不一定是地层的分界点,但为了统计和作图方便,在有条件统一时应尽量取得一致,而不能以地层或构造分界作为确定导线点的依据。

第三,导线通过的地段,一般应是露头良好、各种地质现象明显、通行条件好的地段。如果重要地质现象不清楚而需要人工加以揭露,且揭露后仍不能得到连续剖面时,可采取沿地层某一界面走向平移导线的方法,但平移距离不宜过长,一般控制在 20 m 以内。当导线平移时,一定注意沿地层某界面走向平移,而不是垂直导线方向平移,这样才能保持地层的正常层序,不致因导线平移而使地层重复或缺失。

②导线上的工作内容。

导线法实测地质剖面,是剖面测制小组集体的成果,其工作内容是由组成人员在明确分工的前提下,由个人完成的。导线上应完成的工作内容,统一反映在"实测地质剖面记录表"中。在剖面测量精度要求方面,如果选择 1∶2 000 的剖面比例尺,则应将出露宽度达到和超过 2 m 的岩性单位进行划分和标识,其余精度以此类推。剖面的起点与终点均应作为地质点标定在地形图上。

5.1.1 实测剖面 P01

剖面位置:长岭村东南 500 m(图 5-1)。

图 5-1 实测剖面 P01 局部地形地貌

观察内容与任务:地质剖面踏勘与实测。

①岩性观察:自东向西分别为东岔沟组石英岩、古近纪西宁组砂砾岩、第四系,实测并分析其展布规律。

②通过前面的观察绘制信手剖面图。

③在前期踏勘及路线调查的基础上,开展 P01 剖面实测。

5.1.2 实测剖面 P02

剖面位置:北沟村西 200 m(图 5-2)。

图 5-2　实测剖面 P02 局部地形地貌

观察内容与任务:地质剖面踏勘与实测。

①岩性观察:在北沟村附近可以观察到较好的西宁组等地层出露剖面。

②通过测量剖面建立综合柱状图。

③在测量的过程中也要注意记录岩性的变化。

④在前期踏勘及路线调查的基础上,开展 P02 剖面实测。

5.2　地质填图实习区选择

根据地质填图实习的教学目标和任务要求,填图实习区面积不宜过大,以不超过 2 km² 为宜,但要满足填图实习的实训要求,如地层露头良好,岩石类型多样,有断层或褶皱构造发育,交通便利等。

湟源地质填图实习区位于湟源县大华镇长岭村附近,是在前期多轮次实地考察调研、两级次多个班级本科生现场地质填图实习实践的基础上选定的。该填图实习区交通便利,地形起伏较大,各地层单元露头明显(图 5-3)。

湟源地质填图区出露的地层单元主要有古元古代东岔沟组石英岩、古近纪西宁组砂砾岩、第四系等,更为有利的是填图区内存在识别标志明显的大型构造活动,是现有条件下较为理想的一处填图实习区。填图实习的底图采用地质工程系宁黎平教授团队测制的 1∶1 万地形图,填图区三维静态模拟图像地貌特征清晰(图 5-4)。

需要强调的是,在填图实习过程中,对长度大于 100 m 的线性地质界线,以及宽度大于 10 m、长度大于 50 m 的地质体均需实测和标识,对小于 10 m 但具特殊意义的地质体、构造、标志层、接触带、矿化蚀变带等地质现象应沿走向追索,并放大表示,注以特殊的标识符号标绘于地形图上。对一些较难辨认的岩石、矿石及其他构造现象应及时采集标本进行讨论和研究,对具有重要意义的地质现象应作素描或照相。

图 5-3　地质填图区地形地貌

图 5-4　湟源地质填图实习区三维静态模拟图像(据宁黎平,2022)

参考文献

樊光明,雷东宁,2007. 祁连山东南段加里东造山期构造变形年代的精确限定及其意义[J]. 地球科学(中国地质大学学报),32(1):39-44.

冯益民,1997. 祁连造山带研究概况:历史、现状及展望[J]. 地球科学进展,12(4):5-12.

冯益民,曹宣铎,张二朋,等,2002. 西秦岭造山带结构造山过程及动力学[M]. 西安:西安地图出版社.

冯益民,吴汉泉,1992. 北祁连山及其邻区古生代以来的大地构造演化初探[J]. 西北地质科学,13(2):61-74.

傅承义,1972. 大陆漂移:海底扩张和板块构造[M]. 北京:科学出版社.

高俊龙,冯卫军,2015. 手持 GPS 在地质测量中的实际应用[J]. 测绘技术装备,17(4):79-82.

黄汲清,任纪舜,姜春发,等,1974. 对中国大地构造若干特点的新认识[J]. 地质学报(1):36-52.

黄汲清,张正坤,张之孟,等,1965. 中国的优地槽和冒地槽以及它们的多旋回发展[M]. 北京:中国工业出版社.

李春昱,1976. 用板块构造学说对中国部分地区构造发展的初步分析[J]. 地球物理学报,18(1):52-76.

李春昱,刘仰文,朱宝清,等,1978. 秦岭及祁连山构造发展史[C]//国际交流地质学术论文集(1). 北京:地质出版社:174-187.

李吉均,文世宣,张青松,等,1979. 青藏高原隆起的时代、幅度和形式的探讨[J]. 中国科学(6):608-616.

李四光,1955. 旋卷构造及其他有关中国西北部大地构造体系复合问题[M]. 北京:科学出版社.

林宜慧,张立飞,2012. 北祁连山清水沟蓝片岩带中含硬柱石蓝片岩和榴辉岩的岩石学、40Ar/39Ar 年代学及其意义[J]. 地质学报,86(9):1503-1524.

柳成志,马凤荣,2006. 北戴河地区地质实习指导书[M]. 北京:石油工业出版社.

任纪舜,姜春发,张正坤,等,1980. 中国大地构造及其演化[M]. 北京:科学出版社.

宋全福,2014. 浅谈手持 GPS 在地质矿区勘查中的应用[J]. 吉林地质,33(3):126-128.

宋忠宝,李智佩,任有祥,等,2005. 北祁连山车路沟英安斑岩的年代学及地质意义[J]. 地质科技情报,23(3):15-19.

涂德龙,王赞军,曾包红,等,1998. 青海省湟水盆地全新世活动断裂分布及其活动特征研究[J]. 西北地震学报,20(4):83-90.

王荃,刘雪业,1976. 我国西部祁连山区的古海洋地壳及其大地构造意义[J]. 地质科学(1):42-55.

夏林圻,夏祖春,徐学义,1996. 北祁连山海相火山岩岩石成因[M]. 北京:地质出版社.

肖序常,陈国铭,朱志直, 1978. 祁连山古蛇绿岩带的地质构造意义[J]. 地质学报(4): 287-295.

尹赞勋, 1973. 板块构造述评[J]. 地质科学(1):56-88.

中国地质调查局, 2013. 野外地质工作实用手册[M]. 长沙:中南大学出版社.

朱永红,刘锐,李源洪,等, 2017. 手持 GPS 在地质调查中的具体应用实践:以黔西南某地金矿普查为例[J]. 贵州地质,34(2):128-135.

LIU Y, GAO S, HU Z, et al., 2009. Continental and oceanic crust recycling-induced melt-peridotite interactions in the Trans-North China Orogen: U-Pb dating, Hf isotopes and trace elements in zircons of mantle xenoliths[J]. Journal of petrology, 51(1-2):537-571.

SONG S G, ZHANG L F, NIU Y L, et al., 2004. Zircon U-Pb SHRIMP ages of eclogites from the North Qilian Mountains in NW China and their tectonic implications[J]. Chinese science bulletin, 49:848-852.

XIAO W J, WINDLEY B F, YONG Y, et al., 2009. Early Paleozoic to Devonian multiple-accretionary model for the Qilian Shan, NW China[J]. Journal of Asian earth sciences, 35(3-4): 323-333.

附录 I 实习区地质地貌特征

照片 I -1 保存完好的茎秆层

照片 I -2 保存完好的植物茎秆

照片 I -3 链状沙垄

照片 I -4 波纹状沙地

照片 I -5 石门村附近冰碛物

照片 I -6 元者村附近冰碛物

照片 I -7　古人类使用过的纽扣玉

照片 I -8　人类使用过的石器

照片 I -9　刘家台组顺层褶皱
（摄于刘家台村北部）

照片 I -10　东岔沟组顺层褶皱
（摄于塞尔村北西）

照片 I -11　刘家台组中的方解石脉褶皱
（摄于刘家台村北部）

照片 I -12　东岔沟组无根褶皱
（摄于塞尔村）

附录Ⅱ　实习区常见矿化现象照片

照片Ⅱ-1　玄武岩中的孔雀石化蚀变

照片Ⅱ-2　片岩中的孔雀石化蚀变

照片Ⅱ-3　似斑状二长花岗岩中的萤石矿化

附录Ⅲ 实习区岩矿显微镜下照片

照片Ⅲ-1 黑云斜长片麻岩(+)

1—钠黝帘石化斜长石;2—钠长石;3—石英;4—黑云母;
5—帘石

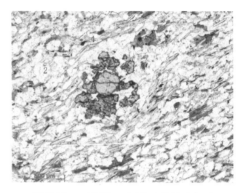

照片Ⅲ-2 石榴二云母石英片岩(-)

1—石榴石变斑晶;2—石英;3—黑云母;4—白云母;
5—电气石

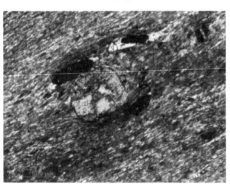

照片Ⅲ-3 千枚状石榴绿泥云母片岩(+)

1—石榴石;2—铁质矿物,两侧具压力影;3—石英;
4—绢云母~白云母;5—绿泥石;6—黑云母

照片Ⅲ-4 石英岩(+)

1—石英;2—长石;3—石榴石

照片Ⅲ-5 石英岩(+)

1—石英;2—白云母;3—黄铁矿

照片Ⅲ-6 灰岩(+)

1—方解石;2—石英碎屑;3—石英岩碎屑

照片Ⅲ-7　白云质灰岩（＋）

1—粉晶细晶方解石、白云石；2—团粒状白云石

照片Ⅲ-8　白云岩（＋）

1—白云石；2—石英；3—后期碎裂纹

照片Ⅲ-9　岩屑砂砾岩（＋）

1—石英晶屑；2—长石晶屑；3—岩屑；4—白云母片岩；
5—胶结物

照片Ⅲ-10　层状中细粒夹中粗粒长石砂岩（－）

1—石英晶屑；2—长石晶屑；3—黑云母碎片；4—岩屑；
5—金属矿物；6—胶结物

照片Ⅲ-11　黑云母石英角闪片岩（－）

Bt—黑云母；Hbl—普通角闪石

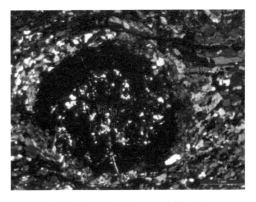

照片Ⅲ-12　含石榴石片岩（－）

Bt—黑云母；Hbl—普通角闪石

附录Ⅳ　地质填图实习区常用地质图件

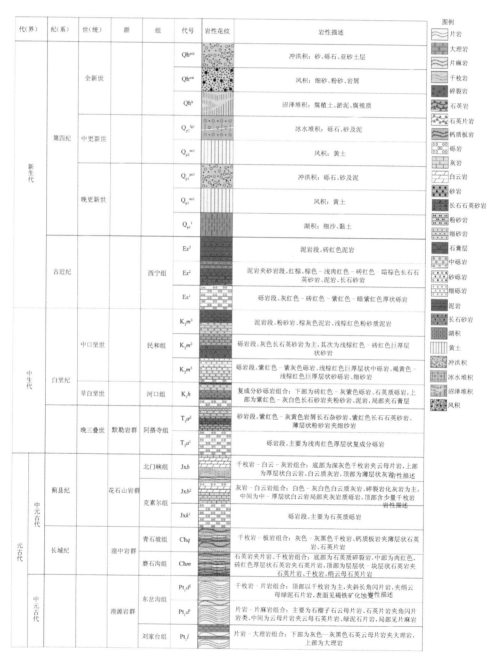

图Ⅳ-1　湟源地质填图实习区及邻区地层柱状图

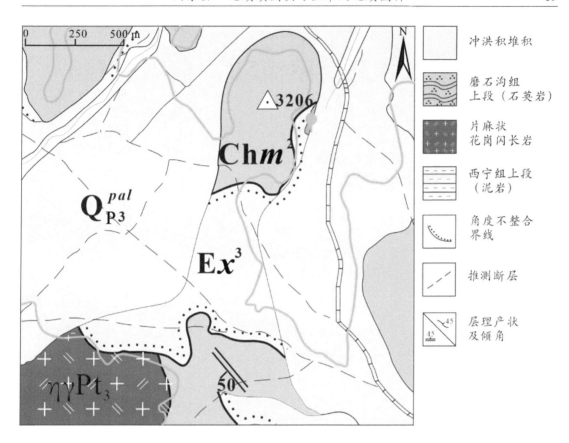

图Ⅳ-2　湟源地质填图实习区地质简图

附录 V 地质填图实习报告编写提纲

1 前言
　　1.1 实习区交通、地理及经济概况
　　1.2 湟源地区地质研究简史
　　1.3 实习过程介绍
2 实习区地质构造特征
　　2.1 地层
　　2.2 岩浆岩
　　2.3 变质岩
　　2.4 构造
　　　2.4.1 褶皱
　　　2.4.2 断裂构造
　　　2.4.3 构造演化
　　2.5 地质发展简史
3 经济地质
　　3.1 矿产
　　3.2 环境地质
　　3.3 旅游地质
　　3.4 灾害地质
4 结束语
5 主要参考文献
6 致谢
附 I：实习报告所需地质图件
　　1. 综合地层柱状图
　　2. 地质实际材料图
　　3. 实测剖面图
　　4. 地质图
　　5. 构造纲要图
　　6. 水文地质（含工程地质）图
　　7. 地质灾害分布图
附 II：实习区专题研究小论文

附录Ⅵ　常用地层划分方法

一、岩石地层单位划分方法

1. 划分原则

岩石地层单位是依据宏观岩石特征相对地层位置划分的岩石地层体。它可以是一种或几种岩石类型的联合,整体岩性一致(岩性均一或规律的、复杂多变的岩类与岩性的组合),野外易于识别划分。它是客观地质实体,不能用成因或形成年代来划分。

2. 岩石地层单位的种类

(1)正式岩石地层单位:按地层层序和统一的规则划分、定义并正式命名的群、组、段、层等。

群(Group):一般由纵向上相邻的两个或两个以上具有共同岩性特征的组联合而成,是比组高一级的岩石地层单位。群的上、下界线往往为明显的沉积间断面(假整合和角度不整合)。群内不能有明显的沉积间断或不整合存在。群的命名为具有代表性的地名命名。群的符号是在界、系、统的符号后边加两个汉语拼音的字母,群名拼音用第一个字母和最接近的声母。

组(Formation):岩石地层的基本单位,是划分适度的地区性或区域性岩石地层单位。组在总体岩性上一致并具可填图性(1∶5万地质图)。组的岩石组合可由一种岩石构成,或者以一种主要岩石为主,夹有重复出现的夹层,或者由两三种岩石交替出现所构成,还能以很复杂的岩石组分为一个组的特征,而与其他比较单纯的组相区别。组的界线应为清楚、稳定的特殊岩性变化面,或者以特殊结构构造标志层为界线划分组。组内不应存在长期地层间断。组名一律用地名加"组"命名,但如果一个组岩性单一,也可用地名加岩石名命名。组的符号,采用在系或统的后边加汉语拼音头一个字母,用小写斜体字表示。

段(Member):低于组、高于层的岩石地层单位,正式命名的段需具有与组内相邻岩层明显不同的岩性特征并分布范围广,代表组内具有明显岩性特征的一段地层。段可用地名加"段"来命名,也可用岩性名称加"段"命名,如白山段、砂岩段等。

层(Bed):最小的岩石地层单位,指岩性、成分、生物组合等具有明显特征,显著区别于相邻岩层的单层或复层。层的厚度可为数厘米至十余米,在侧向上多横穿不同组和段,而名称不变。具有区域性地层划分对比标志的层才正式命名,常作为非正式岩石地层单位使用。

(2)非正式岩石地层单位:未按统一规则划分和正式命名的段、层、礁体、透镜体等。

非正式岩石地层单位主要是为了突出其特殊性,用以补充说明正式单位的特征,如特殊成分层、特殊颜色层、特殊形态层、特殊成因层、特殊异常层等。当给予非正式岩石地层单位地理专名时,不能与"组""段""层"等术语连用,以区别于正式岩石地层单位。

二、生物地层划分方法

生物地层单位是根据化石类型、分布、特征划分,并区别于相邻地层的客观地质实体。生物(地层)带是常用的生物地层单位,它根据不同的生物内容和生物特征分带,常用组合带、顶峰带、延限带。

1. 组合带（群集带）

组合带（群集带）是以所有化石类型（群类联合）中的某一种或几种类型构成的一个自然共生或埋葬为依据进行划分的，与相邻地层有明显区别的具有生物地层特征的地层体。带的界线可画在标志该单位特征存在的生物面上。带的名称由 2~3 个最具特征的分类单位名称联合单位术语组成，如 C. Petrovi-V. fuheensts 组合带。

2. 顶峰带

顶峰带是根据某些生物分类单位的发育顶峰或极大发育，但不是根据它们的总延续时限划分的地层。该带以最发育分类单位命名，以明显富集部位的顶底作为顶峰带的界线。

3. 延限带

延限带是依据地层中所含化石一个或数个选定的分类单位的垂向和侧向分布范围划分的地层单位。其带的界线是选定的生物分类单位已知的首现和未现生物面。

三、区域年代地层单位划分方法

年代地层划分的目的是解释地层序列的年代关系，将地层精确地确定到区域性阶，按界、系、统、阶等级划分地层。年代地层法主要用生物地层进行对比；同位素测年（常用于哑地层，火山岩中沉积岩夹层及变质岩区地层）；磁性地层极性单位和地球化学异常层的研究；对组的穿时性特征进行研究。

附录Ⅶ 地质填图常用图例、花纹、符号

1.岩石构造成分、结构构造图例

砂质	玻基橄榄质	球状	角砾状
粉砂质	玄武质	珍珠状（球粒）	砾状
泥质	安山质	气孔	条带石
钙质	流纹质	火山弹	竹叶状
Si 硅质	英安质	火山泥球	瘤状
白云质	等粒（花岗岩为例）	球泡	鲕状
c 碳质	不等粒	石泡	透镜状
有机质	斑状	斑点状	豹皮状、斑花状
凝灰质	似斑状	渗透状	结晶
复成分（硬砂质）	不等粒斑状	集块	条纹（痕）状
e 生物碎屑	S 片麻岩	岩屑	眼球状
结核	巨厚层状	晶屑	分枝状
藻类	厚层状	玻屑	网状
超基性	中层状	浆屑（塑性玻屑）	香肠状
基性	薄层状	U 用于火山碎屑熔岩	迷雾状
中性	页片状	R 用于熔火山碎屑岩	碎屑
酸性	枕状	M 用于熔结火山碎屑岩	
碱性	杏仁状	d 用于沉火山碎屑岩	

2. 地质体接触界线符号

实测整合岩层界线	岩相界线	火山喷发不整合	接触性质不明
推测整合岩层界线	混合岩化接触界线（符号红色）	花岗岩体脉动接触界线	断层接触（用于柱状图）
实测角度不整合界线（点打在新地层一方，下同）	花岗岩体侵入围岩接触界线（箭头表示接触面产状）	花岗岩体涌动接触界线	平行不整合（假整合）
推测角度不整合界线	花岗岩体超动接触界线	部分地段整合，部分平行不整合	角度不整合
实测平行不整合界线	推测平行不整合界线		

3. 地质体产状及变形要素符号

岩层产状（走向、倾向、倾角）	倒转岩层产状（箭头指向倒转后的倾向）	交错层理及倾斜方向	断层
岩层水平产状	片理产状	片麻理产状	推测断层
岩层垂直产状（箭头方向表示新层位）	实测正断层(箭头指向断层面倾向，下同)	实测逆断层倾向及倾角	倾伏背斜轴线
平移正断层	航、卫片解译断层	向斜轴线	扬起向斜轴线
平移逆断层	基底断裂	复式背斜轴线	倒转向斜(箭头指向轴面倾斜方向)
实测走滑断层	背斜	复式向斜轴线	倒转背斜(箭头指向轴面倾斜方向)
推测走滑断层	向斜	箱状背斜轴线	向形构造
断层破碎带	复式背斜	箱状向斜轴线	背形构造
剪切挤压带	复式向斜	梳状背斜轴线	倒转背斜(箭头指向轴面倾向)
直立挤压带	箱状背斜	梳状向斜轴线	倒转向斜(箭头指向轴面倾向)
区域性断层	箱状向斜	短轴背斜轴线	扬起向斜
韧性剪切带	梳状背斜	短轴向斜轴线	鼻状背斜
脆韧性剪切带	梳状向斜	飞来峰构造	穿窿
实测复活断层	短轴背斜	构造窗	隐伏背斜隐伏向斜
推测复活断层	短轴向斜	隐伏或物探推测断层	背斜轴线
早期剥离断层（英文字母为代号）	倾伏背斜	逆冲推覆断层（箭头表示推覆面倾向）	晚期剥离断层（英文字母为代号、齿指向断层倾斜方向）

4. 标本和样品符号

▲ 手标本	◑ 光谱分析样品	◒ 同位素地质年龄样	⬭ 稀土分析
△ 光片标本	⊗ 化学分析样品	⊖ 同位素组成样	▫ 粒度分析
⊖ 薄片标本	⊜ 水化学样	△ 岩相标本	⊕ 古地磁样
◕ 岩心标本	◫ 岩组分析样	⬚ 微体化石样	脊椎动物化石
◆ 构造标本	⊠ 差热分析样	⑥ 无脊椎动物化石	植物化石
⊖ 定向标本	■ 煤岩标本	□ 岩石物性标本	

5. 沉积岩及相关图例花纹

1）松散堆积物花纹

砾	细砂	淤泥	泥炭土
漂砾	粉砂	黄土	冰水泥砾
岩块、碎屑	红土	黏土	贝壳层
砾石	砂砾石	钙质黏土	植物堆积层
角砾	砂姜	碳质黏土	人工堆积
粗砂	砂	有机质黏土	化学堆积
中砂	蠕虫状黏土		

2）第四纪堆积物成因类型、符号及沉积相花纹

Q^{al}冲积
Q^{pl}洪积
Q^{pal}洪冲积
Q^{el}残积
Q^{dl}坡积
Q^{eld}残坡积
Q^{col}崩积
Q^{dp}地滑堆积
Q^{ch}化学堆积
Q^{s}人工堆积
Q^{ca}洞穴堆积

冲积	冰碛	沼泽堆积
洪积	冰水堆积	化学堆积
冲积洪积	湖积	火山堆积
坡积	海积	黄土
残积	风积（砂）	

3) 常见沉积构造图例

平行层理	逆粒序	槽模	生物礁
水平层理	缝合线	重荷模	龟裂
板状交错层理	生物扰动	变形层理	雨痕
藻席纹层	潜穴	压刻痕	雹痕
楔状交错层理	钻穴	碟状构造	核形石
槽状交错层理	叠瓦构造	鸟眼构造	收缩裂隙
丘状层理	层状晶洞	示底构造	对称波痕
脉状层理	有胶结物晶洞	石盐假晶	不对称波痕
透镜状层理	帐篷构造	石膏假晶	沟模
鱼骨状交错层理	平面遗迹	爬升层理	滑塌层理
包卷层理	叠层石	正粒序	

4) 常见沉积岩图例花纹

角砾岩	硅质角砾岩	巨砾岩	细砾岩
砂质角砾岩	铁质角砾岩	粗砾岩	含角砾砾岩
泥质角砾岩	钙质角砾岩	中砾岩	砂质砾岩
复成分砂岩	砂砾岩	黏土粉砂质砾岩	页岩
石英砾岩	泥质砂岩	砂质页岩	泥质灰岩
石灰砾岩	钙质砂岩	粉砂质页岩	硅质灰岩
复成分砾岩	凝灰质砂岩	钙质页岩	白云质灰岩
钙质砾岩	铁质砂岩	硅质页岩	结晶灰岩
硅质砾岩	含铜砂岩	碳质页岩	生物碎屑灰岩
凝灰质砾岩	含磷砂岩	含碳质页岩	含藻灰岩
铁质砾岩	含油砂岩	凝灰质页岩	礁灰岩（未分）
冰碛砾岩	交错层砂岩	铁质页岩	含燧石结核灰岩
砂岩	斜层理砂岩	铝土页岩	燧石条带灰岩

含砾砂岩	粉砂岩	含锰页岩	结核灰岩
粗砂岩	含砾粉砂岩	含钾页岩	叶片状灰岩
中砂岩	含砂粉砂岩	油页岩	条带状灰岩
细砂岩	黏土砂质粉砂岩	黏土岩（泥岩）	斑点状灰岩
石英砂岩	泥质粉砂岩	高岭石黏土岩	碎屑灰岩
长石砂岩	钙质粉砂岩	水云母黏土岩	角砾状灰岩
长石质砂岩	凝灰质粉砂岩	蒙脱石黏土岩	砾状灰岩
长石石英砂岩	铁质粉砂岩	泥晶灰岩（泥状灰岩）	球粒灰岩
碎屑砂岩	含碳质粉砂岩	砂质灰岩	瘤状灰岩
海绿石砂岩	含钾粉砂岩	含泥质灰岩	竹叶状灰岩
亮晶灰岩	泥灰岩	泥质白云岩	鲕状灰岩
粒泥灰岩	砂质泥灰岩	角状白云岩	串珠状灰岩
泥粒灰岩	白云岩	硅质岩	豹皮状灰岩
颗粒灰岩	砂质白云岩		

5）常见化石图例

植物化石及碎片	籧	叠层石	三叶虫
无脊椎动物化石（未分）	珊瑚动物	笔石动物	苔藓动物
脊椎动物化石（未分）	海绵动物	有孔虫	古杯动物
棘皮动物	箭石	孢粉	疑源类
腕足动物	菊石	钙藻	鱼类
双壳动物	放射虫	海绵骨针	遗迹化石
腹足动物	牙形石	鹦鹉螺	叶肢介
竹节石	介形虫		

6. 常见岩浆岩花纹

1）火山碎屑岩

集块岩　　火山角砾岩　　凝灰岩　　流纹质熔集块角砾岩

流纹质集块熔岩　　流纹质熔结角砾集块岩　　流纹质岩屑晶屑凝灰岩　　流纹质熔角砾岩

流纹质角砾集块熔岩　　流纹质熔结集块角砾岩　　流纹质晶屑凝灰岩　　流纹质熔凝灰角砾岩

流纹质集块角砾熔岩　　流纹质熔结角砾岩　　流纹质玻屑凝灰岩　　流纹质熔角砾凝灰岩

流纹质角砾熔岩　　流纹质熔结凝灰角砾岩　　流纹质晶屑玻屑凝灰岩　　流纹质熔凝灰岩

流纹质凝灰角砾熔岩　　流纹质熔结角砾凝灰岩　　流纹质浆屑凝灰岩　　流纹质熔结集块岩

流纹质角砾凝灰熔岩　　流纹质熔结凝灰岩　　流纹质岩屑玻屑凝灰岩　　流纹质沉火山角砾岩

流纹质角凝灰熔岩　　流纹质集块岩　　流纹质岩屑晶屑玻屑凝灰岩　　流纹质沉凝灰角砾岩

流纹质熔集块岩　　流纹质角砾集块岩　　流纹质沉集块岩　　流纹质沉角砾凝灰岩

流纹质熔角砾集块岩　　流纹质集块角砾岩　　流纹质沉角砾集块岩　　流纹质沉凝灰岩

流纹质凝灰岩　　流纹质火山角砾岩　　流纹质沉集块角砾岩　　流纹质角砾凝灰岩

流纹质岩屑凝灰岩　　流纹质凝灰角砾岩

2）侵入岩

橄榄岩　　辉岩　　角闪辉石岩　　斜长岩

镁铁橄榄岩　　二辉岩　　角闪紫苏辉石岩　　苏长岩

纯橄榄岩　　紫苏辉石岩　　角闪二辉岩　　辉长岩

角砾云母橄榄岩（金伯利岩）　　古铜辉石岩　　角闪透辉石岩　　透辉石岩

辉石橄榄岩　　顽火辉石岩　　橄榄辉岩　　角闪石岩

辉橄岩（橄辉岩）　　含长辉岩　　正长花岗岩　　正长岩

辉长辉绿岩　　含长紫苏辉岩　　闪长斑岩　　辉石正长岩

辉绿辉长岩　　含长二辉岩　　闪长玢岩　　角闪正长岩

石英辉绿岩　　含长透辉石岩　　石英闪长斑岩　　黑云母正长岩

辉绿玢岩　二辉辉长岩　花岗闪长斑岩　石英正长岩

闪长岩　橄榄辉长岩　花岗岩　英辉正长岩

辉长闪长岩　玢岩　角闪花岗岩　正长斑岩

辉石闪长岩　辉长玢岩　紫苏花岗岩　霞石正长岩

角闪闪长岩　辉绿岩　更长环斑花岗岩　霞石正长斑岩

黑云母闪长岩　花岗斑岩　黑云母花岗岩　霞斜岩

石英闪长岩　花斑岩　白云母花岗岩　宽霞岩

花岗闪长岩　二长岩　二云母花岗岩　宽辉岩

堇青花岗闪长岩　石英二长岩　钾长花岗岩　碳酸岩

斜长煌斑岩　二长斑岩　斜长花岗岩　方解石碳酸岩

花岗质伟晶岩　混合角闪正长岩　二长花岗岩　白云石碳酸岩

煌斑岩　碎斑状花岗斑岩　白岗岩　稀土碳酸岩

云煌岩　花岗细晶岩　斑霞正长岩　辉长伟晶岩

二长花岗斑岩

3）喷出岩—熔岩

苦橄岩　辉石安山岩　辉石粗面岩　白石榴响岩

苦橄玢岩　角闪安山岩　角闪粗面岩　黝方石响岩

玻基橄榄岩　黑云母安山岩　黑云粗面岩　细碧岩

玻基辉橄岩　安山玢岩　石英粗面岩　角斑岩

玻基纯橄岩　英安岩　粗面斑岩　石英角斑岩

玄武岩　流纹岩　粗安岩　碱性粗面岩

苦橄玄武岩　流纹斑岩　粗安斑岩　碱性玄武岩

橄斑玄武岩	石英斑岩	响岩	珍珠岩
辉斑玄武岩	碱流岩	霞石响岩	松脂岩
拉斑玄武岩	霏细岩	碱玄岩	黑曜岩
杏仁状玄武岩	霏细斑岩	安山玄武岩	浮岩
方沸玄武岩	伊丁玄武岩	安山岩	粗面岩

7. 变质岩花纹

1)混合岩和混合花岗岩

混合质片岩	混合质糜粒岩	条纹（痕）状混合岩	角闪雾迷状混合岩
条带状混合二云片岩	白云母混合花岗岩	条带状混合岩	均质混合岩
眼球状混合质黑云变粒岩	混合岩	分枝状混合岩	斜长角闪均质混合岩
混合质片麻岩 混合质副片麻岩	渗透状混合岩	网状混合岩	混合花岗岩
混合质黑云中长片麻岩	斑点状混合岩	角砾状混合岩	
混合质正片麻岩	眼球状混合岩	雾迷状混合岩	
混合质变粒岩	香肠状混合岩	黑云斜长角砾状混合岩	

2)区域变质岩

板岩	橄榄片岩	正片麻岩	硅线二云片麻岩
钙质板岩	斜长绿泥片岩	花岗片麻岩	蓝晶云母片麻岩
硅质板岩	角闪石英片岩	片麻岩、副片麻岩	榴云片麻岩
砂质板岩	榴云片岩	钾长片麻岩	浅粒岩
碳质板岩	蓝晶硅线片岩	黑云钾长片麻岩	变粒岩
绢云绿泥千枚岩	紫苏麻粒岩	白云母钾长片麻岩	变质砂岩
片岩	刚玉岩	二云钾长片麻岩	长石石英岩
石英片岩	凝灰质板岩（中性）	角闪钾长片麻岩	石英岩
角闪片岩	绢云板岩	辉石钾长片麻岩	角闪变粒岩
黑云片岩	绿泥板岩	硅线钾长片麻岩	黑云变粒岩

二云片岩　　空晶板岩　　二长片麻岩　　紫苏钠长变粒岩

绿泥片岩　　红柱石板岩　　斜长片麻岩　　斜长角闪变粒岩

石墨片岩　　十字黑云片岩　　硬玉岩　　榴辉变粒岩

石榴片岩　　钠长绿泥片岩　　变流纹岩　　橄榄变粒岩

阳起片岩　　硬绿云母片岩　　绿泥千枚岩　　麻粒岩

十字片岩　　白云石绿泥片岩　　千枚岩　　蓝晶石正长麻粒岩

红柱片岩　　阳起蛇纹片岩　　钙质千枚岩　　紫苏辉石长英麻粒岩

堇青片岩　　帘石黑云片岩　　石英千枚岩　　辉石麻粒岩

蓝闪片岩　　含蓝晶石黑云片岩　　绢云千枚岩　　透辉石培长石麻粒岩

滑石片岩　　蓝晶黑云片岩　　角闪斜长片麻岩　　变安山岩

蛇纹片岩　　角闪石榴云母片岩　　十字黑云片麻岩　　变玄武岩

3）动力变质岩

碎裂岩　　灰岩压碎岩　　玻化岩　　超糜棱岩化闪长岩

碎裂花岗岩　　构造角砾岩　　千糜岩　　糜棱岩化闪长岩

碎裂灰岩　　糜棱岩　　花岗千糜岩　　绢云千糜岩

压碎岩　　闪长压碎岩

4）接触变质交代蚀变岩

角岩　　石榴透辉硅灰石角岩　　方柱石大理岩　　石榴石矽卡岩

斑点角岩　　符山石硅灰石角岩　　透闪石大理岩　　透灰石石榴石矽卡岩

石英角岩　　长英角岩　　阳起石大理岩　　条带状石榴石矽卡岩

黑云母角岩　　辉绿角岩　　黝帘石大理岩　　镁橄榄石硅镁石矽卡岩

堇青石角岩　　大理石　　符山石大理岩　　磷灰石大理岩

绢云母角岩　　大理石化灰岩　　石榴石大理岩　　蛇绿石大理岩

红柱石角岩　　白云质大理岩　　石榴石辉石大理岩　　滑石大理岩

辉石角岩　　白云石大理岩　　镁橄榄石大理岩　　绿帘石大理岩

堇青石黑云母角岩　　菱镁石大理岩　　透辉石大理岩　　石榴石透辉石角岩

红柱石黑云母角岩　　钠长大理岩　　透辉石硅灰石大理岩　　橄榄石尖晶石角岩

硅线石角岩　　硅灰大理岩　　镁橄榄石透辉石大理岩　　红柱石堇青石角岩

硅线石堇青石角岩　　石墨大理岩　　透辉石矽卡岩　　透辉石角岩

紫苏辉石角岩　　含石英大理岩　　硅灰石矽卡岩　　透闪石角岩

含磷大理石　　钙铝榴矽石卡岩　　角砾状方柱石矽卡岩　　混染岩

透辉石岩　　绿帘石矽卡岩　　角砾状石榴石矽卡岩　　闪长质混染岩

尖晶石透辉石岩　　阳起石矽卡岩　　符山石矽卡岩　　方柱石矽卡岩

镁橄榄石尖晶石岩　　方柱石榴石矽卡岩

5）气成热液蚀变（多用于平面图，红色表示）

夕卡岩化　　方柱石化　　绢云母化　　滑石化

角岩化　　透辉石化　　硅化　　蛇纹石化

大理岩化　　阳起石化　　钾长石化　　磁铁矿化

白云岩化　　绿帘石化　　钠长石化　　黄铁矿化

石英岩化　　黝帘石化　　绿泥石化　　黄铜矿化

碳酸盐化　　黑云母化　　高岭土化　　褐铁矿化

电气石化　　白云母化　　叶蜡石化

8. 常用岩石名称代号

1）岩脉图例

q 石英脉　　δ 中性岩脉　　μ 玢岩脉　　Au 矿脉（符号用元素符号）

γ 酸性岩脉　　υ 辉长岩脉　　N 基性岩脉　　χ 煌斑岩脉

λ 细晶岩脉　　伟晶岩脉

2）深成侵入岩

ν 辉长岩　　Γ 未分花岗岩　　ξγ 钾长花岗岩　　νσ 斜长石

Γ 花岗岩　　η 二长岩　　δ 闪长岩　　ηο 石英二长岩

ηγ 二长花岗岩　　δο 石英闪长岩　　γk 白岗岩　　Γο 斜长花岗岩类

δβ 黑云母闪长岩　　γδ 花岗闪长岩　　ξ 正长岩　　ξδ 正长闪长岩

γβ 黑云母花岗岩　　γξ 花岗正长岩　　νδ 辉长闪长岩

3）浅成侵入岩

βμ 辉绿岩 辉绿玢岩　　γι 花岗细晶岩　　ξπ 正长斑岩　　ρ 伟晶质斑岩石

δμ 闪长玢岩　　　　　λπ 石英斑岩　　　　γρ 花岗伟晶岩　　　χ 煌斑岩

γπ 花岗斑岩　　　　　γδπ 花岗长斑岩　　　τ 细晶质岩石　　　ηπ 二长斑岩

4）其他常见岩石

br 角砾岩　　　　　　dol 白云岩　　　　　mi 混合岩　　　　　si 硅质岩

cg 砾岩　　　　　　　im 均质混合岩　　　mss 变质砂岩　　　　sl 板岩

ss 砂岩　　　　　　　ph 千枚岩　　　　　ds 岩屑砂岩　　　　hs 角岩

st 粉砂岩　　　　　　sch 片岩　　　　　　mb 大理岩　　　　　tr 碎裂岩

sh 页岩　　　　　　　gn 片麻岩　　　　　cr 黏土（泥）岩　　ms 泥岩

og 正片麻岩　　　　　sb 构造角砾岩　　　pg 副片麻岩　　　　ml 糜棱岩

ls 灰岩　　　　　　　gnt 变粒岩　　　　　pm 千糜岩

　　以上图例参考：①国家技术监督局《1∶5万区域地质图图例》（GB 958—1989）；②中国地质调查局《1∶25万区域地质调查技术要求》（DD 2001—02），2001；③赵温霞，《周口店地质及野外地质工作方法与高新技术应用》，2003。